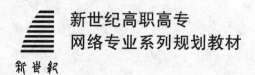

网站前端开发技术
——CSS+JavaScript+jQuery

新世纪高职高专教材编审委员会 组编
主　编　李云程

大连理工大学出版社

图书在版编目(CIP)数据

网站前端开发技术：CSS+JavaScript+jQuery / 李云程主编. —大连：大连理工大学出版社，2018.6(2020.1重印)
新世纪高职高专网络专业系列规划教材
ISBN 978-7-5685-1353-1

Ⅰ.①网… Ⅱ.①李… Ⅲ.①超文本标记语言－程序设计－高等职业教育－教材②网页制作工具－高等职业教育－教材③JAVA语言－程序设计－高等职业教育－教材 Ⅳ.①TP312.8②TP393.092

中国版本图书馆 CIP 数据核字(2018)第 028101 号

大连理工大学出版社出版

地址：大连市软件园路 80 号　邮政编码：116023
发行：0411-84708842　邮购：0411-84708943　传真：0411-84701466
E-mail:dutp@dutp.cn　URL:http://dutp.dlut.edu.cn
大连永盛印业有限公司印刷　　大连理工大学出版社发行

幅面尺寸：185mm×260mm　印张：20　字数：487 千字
2018 年 6 月第 1 版　　2020 年 1 月第 3 次印刷

责任编辑：马　双　　　　　　　　　责任校对：李　红
封面设计：张　莹

ISBN 978-7-5685-1353-1　　　　　　　定　价：49.80 元

本书如有印装质量问题，请与我社发行部联系更换。

总序

我们已经进入了一个新的充满机遇与挑战的时代，我们已经跨入了21世纪的门槛。

20世纪与21世纪之交的中国，高等教育体制正经历着一场缓慢而深刻的革命，我们正在对传统的普通高等教育的培养目标与社会发展的现实需要不相适应的现状做历史性的反思与变革的尝试。

20世纪最后的几年里，高等职业教育的迅速崛起，是影响高等教育体制变革的一件大事。在短短的几年时间里，普通中专教育、普通高专教育全面转轨，以高等职业教育为主导的各种形式的培养应用型人才的教育发展到与普通高等教育等量齐观的地步，其来势之迅猛，发人深思。

无论是正在缓慢变革着的普通高等教育，还是迅速推进着的培养应用型人才的高职教育，都向我们提出了一个同样的严肃问题：中国的高等教育为谁服务，是为教育发展自身，还是为包括教育在内的大千社会？答案肯定而且唯一，那就是教育也置身其中的现实社会。

由此又引发出高等教育的目的问题。既然教育必须服务于社会，它就必须按照不同领域的社会需要来完成自己的教育过程。换言之，教育资源必须按照社会划分的各个专业（行业）领域（岗位群）的需要实施配置，也是我们长期以来明乎其理而疏于力行的学以致用问题，这就是我们长期以来未能给予足够关注的教育目的问题。

众所周知，整个社会由其发展所需要的不同部门构成，包括公共管理部门如国家机构、基础建设部门如教育研究机构和各种实业部门如工业部门、商业部门等等。每一个部门又可做更为具体的划分，直至同它所需要的各种专门人才相对应。教育如果不能按照实际需要完成各种专门人才培养的目标，就不能很好地完成社会分工所赋予它的使命，而教育作为社会分工的一种独立存在就应受到质疑（在市场经济条件下尤其如此）。可以断言，按照社会的各种不同需要培养各种直接有用人才，是教育体制变革的终极目的。

新世纪

随着教育体制变革的进一步深入，高等院校的设置是否会同社会对人才类型的不同需要一一对应，我们姑且不论，但高等教育走应用型人才培养的道路和走研究型（也是一种特殊应用）人才培养的道路，学生们根据自己的偏好各取所需，始终是一个理性运行的社会状态下高等教育正常发展的途径。

高等职业教育的崛起，既是高等教育体制变革的结果，也是高等教育体制变革的一个阶段性表征。它的进一步发展，必将极大地推进中国教育体制变革的进程。作为一种应用型人才培养的教育，它从专科层次起步，进而应用本科教育、应用硕士教育、应用博士教育……当应用型人才培养的渠道贯通之时，也许就是我们迎接中国教育体制变革的成功之日。从这一意义上说，高等职业教育的崛起，正是在为必然会取得最后成功的教育体制变革奠基。

高等职业教育才刚刚开始自己发展道路的探索过程，它要全面达到应用型人才培养的正常理性发展状态，直至可以和现存的（同时也正处在变革分化过程中的）研究型人才培养的教育并驾齐驱，还需要假以时日；还需要政府教育主管部门的大力推进，需要人才需求市场的进一步完善，尤其需要高职教学单位及其直接相关部门肯于做长期的坚韧不拔的努力。新世纪高职高专教材编审委员会就是由全国100余所高职高专院校和出版单位组成的、旨在以推动高职高专教材建设来推进高等职业教育这一变革过程的联盟共同体。

在宏观层面上，这个联盟始终会以推动高职高专教材的特色建设为己任，始终会从高职高专教学单位实际教学需要出发，以其对高职教育发展的前瞻性的总体把握，以其纵览全国高职高专教材市场需求的广阔视野，以其创新的理念与创新的运作模式，通过不断深化的教材建设过程，总结高职高专教学成果，探索高职高专教材建设规律。

在微观层面上，我们将充分依托众多高职高专院校联盟的互补优势和丰裕的人才资源优势，从每一个专业领域、每一种教材入手，突破传统的片面追求理论体系严整性的意识限制，努力凸现高职教育职业能力培养的本质特征，在不断构建特色教材建设体系的过程中，逐步形成自己的品牌优势。

新世纪高职高专教材编审委员会在推进高职高专教材建设事业的过程中，始终得到了各级教育主管部门以及各相关院校相关部门的热忱支持和积极参与，对此我们谨致深深谢意，也希望一切关注、参与高职教育发展的同道朋友，在共同推动高职教育发展、进而推动高等教育体制变革的进程中，和我们携手并肩，共同担负起这一具有开拓性挑战意义的历史重任。

新世纪高职高专教材编审委员会
2001年8月18日

前言

《网站前端开发技术——CSS+JavaScript+jQuery》是新世纪高职高专教材编审委员会组编的网络专业系列规划教材之一。

我们生活在一个充满机遇与挑战的时代,社会发展急需大量应用型人才。互联网技术应用日益普及,承载信息的网站平台拥有缤纷多彩的资讯。随着信息技术快速发展,各类网站设计技术不断增多。如何选择合适的技术?如何高效快速地将学习者培养成网站设计开发的应用型人才?这是摆在广大教师面前迫切需要解决的问题。本教材由深圳职业技术学院人工智能学院教学团队与腾讯公司(深圳)唐文荣高工和深圳明科智能科技有限公司邱晓文技术总监合作,依据教育部最新发布的《高等职业学校专业教学标准》对课程进行定位,共同编写教学大纲,制订教学方案,完全符合"Web前端开发技术"课程的要求,选用流行的CSS、Javascript和jQuery网站前端开发技术,通过基于实例开发的方式,以任务驱动学生学习网站前端设计技术。

本教材内容既体现了CSS与JavaScript技术的最新成果,也紧跟企业升级需要,关注其在网站开发项目中的交互应用特色和新颖程度,编写了77个最佳范例。

在撰写思路上体现如下创新:以任务驱动、知识技能融合进行教学设计。将知识学习与技术技能训练融入实例制作过程中,让学生一直参与实践,实现在"学中做、做中学"。注重技术技能训练过程,既是学习又是实践。每个实例都包括:实例效果、任务要求、程序设计思路、技术要点、程序代码编写、重点代码分析,以及任务拓展或技术拓展等。很好地体现了以技术技能培养为核心,注重知识、技能与实际应用的关系,强调技术技能的培养。学习从任务目标开始,有针对性地引导学习者完成任务,学会如何将技术用于实践,同时掌握针对项目要求进行制作的方法。真正让学习者成为课堂学习的主角。拓展部分也是一大特色,利用任务拓展或技术拓展让学习者对技术有更深入地理解,并体现出技术的灵活运用,十分利于积累开发经验。通过这样一系列实例制作学习与训练,最终掌握网站前端开发技术的实用技能和最新技术,开发出多种交互友好的客户端页面效果。

编写本教材目的是帮助初学者快速理解网站开发技术基础,学会开发网站前端交互效果设计,并不断积累开发经验;针对有一定经验的中高级开发人员,可侧重学习交互特效高级范例应用的设计思路和程序设计技巧,学到最新技术,产生创新灵感,分享编程经验和体会。

全书由深圳职业技术学院李云程执笔撰写,内容包括CSS与页面布局设计;JavaScript基础;对象应用;动态栏效果;页面动态文字效果;时间应用;动态广告;网页导航菜单;动态位置变化;jQuery应用设计;图片切换效果设计;导航条与下拉单设计;jQuery Ajax技术等13章。

在编写本教材的过程中,编者参考、引用和改编了国内外出版物中的相关资料以及网络资源,在此表示深深的谢意!相关著作权人看到本教材后,请与出版社联系,出版社将按照相关法律的规定支付稿酬。

本书既可以作为应用型本科院校的计算机类学生专业教材,也适用于高职院校、和自学者使用。

由于时间仓促、水平有限,编程算法和技巧、面向对象编程方法等还需不断探索和总结,书中难免存在错误和不妥之处,恳请各位专家和同行批评指正。

李云程

2018 年 6 月

所有意见和建议请发往:dutpgz@163.com
欢迎访问教材服务网站:http://www.dutpbook.com
联系电话:0411-84707492　84706104

目 录

第1章 CSS 与页面布局设计 …… 1
1.1 玻璃质感导航按钮与主页配色设计 …… 1
1.1.1 任务:设计一组玻璃质感按钮 …… 2
1.1.2 设 计 …… 2
1.1.3 知识补充:颜色搭配设计 …… 4
1.2 页眉图片和 Logo 视觉修饰设计 …… 4
1.2.1 任务:设计一幅页眉图片 …… 5
1.2.2 设 计 …… 6
1.2.3 知识拓展:网站整体风格设计 …… 9
1.3 用 CSS 与 Div 设计网页 …… 10
1.3.1 任务:网页的布局设计 …… 11
1.3.2 设 计 …… 12
1.3.3 知识拓展:CSS 及其规则 …… 26
1.3.4 知识补充:在 Dreamweaver 中创建 CSS …… 28

第2章 JavaScript 基础 …… 32
2.1 JavaScript 概述 …… 32
2.1.1 JavaScript 的组成 …… 32
2.1.2 JavaScript 的特点 …… 33
2.2 JavaScript 基本语法 …… 36
2.2.1 程序结构 …… 36
2.2.2 JavaScript 的数据结构 …… 38
2.3 JavaScript 程序基本构成 …… 48
2.3.1 JavaScript 程序设计 …… 48
2.3.2 函 数 …… 52
2.3.3 对 象 …… 53
2.4 JavaScript 面向对象编程 …… 59
2.4.1 函数与对象 …… 60
2.4.2 JavaScript 中函数的深入认识 …… 63

第 3 章 对象应用 …… 66
3.1 日期时间对象 …… 66
3.1.1 显示当前星期 …… 66
3.1.2 显示当前日期 …… 68
3.2 字符串和图片对象 …… 70
3.2.1 应用 String 对象截取特定文字 …… 70
3.2.2 应用 image 对象实现动画 …… 72
3.2.3 style 对象应用 …… 74

第 4 章 动态栏效果 …… 78
4.1 修改标题栏和状态栏的默认属性 …… 78
4.1.1 利用 JavaScript 更改标题栏和状态栏显示内容 …… 78
4.1.2 修改超链接在状态栏上的显示信息 …… 79
4.2 在状态栏显示动态效果 …… 83
4.2.1 在状态栏显示当前时间 …… 83
4.2.2 状态栏文字由左端弹出显示 …… 87
4.3 文字循环滚动效果 …… 91
4.3.1 文字首尾相接循环滚动显示 …… 91
4.3.2 状态栏文字在右端与左端之间循环滚动 …… 94

第 5 章 页面动态文字效果 …… 99
5.1 单行文本框中的文字特效 …… 99
5.1.1 单行文本框文字动态移动 …… 99
5.1.2 任务拓展 1：单行文本框显示动态文字效果 1 …… 101
5.1.3 任务拓展 2：单行文本框显示动态文字效果 2 …… 102
5.1.4 任务拓展 3：文本框中文字跑马灯效果 …… 103
5.1.5 任务拓展 4：文字打字显示效果 …… 106
5.2 多行文本框动态效果 …… 109
5.2.1 多行文本框的跳动小人 …… 109
5.2.2 任务拓展 1：多行文本框中动态文字效果 1 …… 114
5.2.3 任务拓展 2：多行文本框中动态文字效果 2 …… 116
5.2.4 任务拓展 3：多行文本框中动态文字效果 3 …… 116
5.3 文本框中的动态公告 …… 117
5.3.1 多条公告显示 …… 117
5.3.2 任务拓展：带图片的公告栏 …… 123

第 6 章 时间应用 …… 130
6.1 日期时间显示 …… 130
6.1.1 日期与数字时钟 …… 130
6.1.2 任务拓展 1：以日历格式显示日期与时间 …… 132
6.1.3 任务拓展 2：全中文日期显示 …… 136

6.2 网页中时钟动态效果 138
　6.2.1 网页中图像时钟动态效果 138
　6.2.2 网页中带有倒影的时钟动态效果 140
　6.2.3 网页中指针时钟动态效果 143
6.3 特定日期计时 148
　6.3.1 进入网页时间计时 148
　6.3.2 倒计时天数 150
　6.3.3 倒计时时钟 152
　6.3.4 生日提示信息 154

第7章 动态广告 157
7.1 动态文字消息 157
　7.1.1 两个消息框同时滚动显示 157
　7.1.2 消息框中渐变交替显示文字信息 162
　7.1.3 消息框中文字自下而上不停地滚动 166
7.2 图片广告效果 169
　7.2.1 利用CSS技术弹出图片浏览器 169
　7.2.2 控制图片左右滚动 172
7.3 图片渐变交替显示 179
　7.3.1 图片渐变交替显示1 179
　7.3.2 图片渐变交替显示2 184
　7.3.3 图片渐变交替显示3 188

第8章 网页导航菜单 193
8.1 树形目录导航设计 193
　8.1.1 使用层对象设计树形目录 193
　8.1.2 任务拓展：使用表格设计多级树形目录 201
8.2 利用CSS和JavaScript技术设计动态菜单 205
　8.2.1 伸缩菜单 205
　8.2.2 设计弹出菜单 213
8.3 页面移动菜单 219
　8.3.1 浮在页面可移动的导航菜单 219
　8.3.2 浮在页面可移动和显示/隐藏的导航菜单 222
8.4 推拉式导航菜单 226
　8.4.1 单击推拉式导航菜单 226
　8.4.2 指向推拉式浮动导航菜单 230
　8.4.3 任务拓展：使推拉式菜单显示在浏览器右侧 236

第9章 动态位置变化效果 238
9.1 动态对联广告 238
　9.1.1 随滚动条移动的对联广告 238

9.1.2 QQ在线咨询链接上下浮动型代码 ………………………………………… 243
9.1.3 任务拓展:位于页面带有Flash浮动广告的代码编写 ………………… 246
9.2 鼠标控制的变化 ……………………………………………………………………… 250
9.2.1 跟随鼠标移动的蛇形文字 ……………………………………………… 250
9.2.2 围绕鼠标旋转的尾巴 …………………………………………………… 253

第10章 jQuery应用设计 ……………………………………………………………… 259
10.1 jQurey选择器使用 …………………………………………………………………… 259
10.1.1 任务:利用jQuery改变页面显示效果 ………………………………… 259
10.1.2 编写程序代码 …………………………………………………………… 260
10.1.3 代码小结 ………………………………………………………………… 264
10.2 任务拓展:使用几个常用方法设计页面效果 …………………………………… 265
10.3 知识补充:jQuery选择器与方法 ………………………………………………… 271

第11章 图片切换效果设计 …………………………………………………………… 274
11.1 在页面中显示图片切换广告 ……………………………………………………… 274
11.1.1 任务设计 ………………………………………………………………… 274
11.1.2 编写程序代码 …………………………………………………………… 275
11.1.3 小结:jQuery选择器 …………………………………………………… 277
11.2 任务拓展1:页面带有缩略图的图片切换效果 …………………………………… 278
11.3 技术拓展:在页面显示图片切换广告 …………………………………………… 280
11.4 任务拓展2:另一种图片切换广告效果 …………………………………………… 283

第12章 导航条与下拉菜单设计 ……………………………………………………… 290
12.1 设计水平二级菜单效果 …………………………………………………………… 290
12.1.1 任务设计 ………………………………………………………………… 290
12.1.2 编写程序代码 …………………………………………………………… 291
12.1.3 定义菜单显示格式 ……………………………………………………… 294
12.2 带有滤镜切换效果的导航条设计 ………………………………………………… 294

第13章 jQuery Ajax技术 …………………………………………………………… 301
13.1 利用jQuery Load()方法加载数据 ………………………………………………… 301
13.1.1 任务设计 ………………………………………………………………… 301
13.1.2 编写程序代码 …………………………………………………………… 302
13.2 jQuery常用客户端与服务器端数据加载方法设计 ……………………………… 306
13.3 GET和POST两种方法的差异以及jQuery Ajax操作函数 …………………… 309

第 1 章　CSS 与页面布局设计

网站页面的版式设计，简单地讲就是对网页内容进行排版。其实质是按照一定规律把网页上的文字和图片等页面元素，排列成最佳的视觉效果。即确定文字、图片、区域分割和背景的位置及其修饰与配色。所谓视觉效果，要达到易于阅读、页面图案配色协调友好。同时，让用户很容易找到感兴趣的内容。

在进行具体设计之前，应该明确网页的整体结构，在纸上绘制一个页面版式结构的草图。即版面的初步构想。

将草图效果在绘图软件 Photoshop 或 Fireworks 上实现。按照结构草图要求，在软件中定义绘图辅助线、绘制结构底图、添加内容、对效果图进行切片优化、输出切片到 Dreamweaver 中进行布局。当然，如果页面设计不是非常复杂，也可以将每个部分单独设计和制作。

本章利用一个实例，将主页设计分为几个工作任务来学习，每个任务都有其侧重点，其中前两项关于页面图片素材制作与设计，要求有一定的 Photoshop/Fireworks 操作基础，这也是网页设计的必备基础技能。接下来将学习如何一步一步地构建一个 CSS 页面。首先是关于如何在 Photoshop/Fireworks 中制作导航按钮素材；接着针对的是内容背景、页面的整体布局以及顶部解析等；最后一部分是如何整合 CSS 和 HTML。

1.1 玻璃质感导航按钮与主页配色设计

正确选择主页的色调和导航菜单中所涉及的颜色，虽然它没有很多的技术含量，但使用的颜色是否恰当，对后期整体效果会有很大影响。另外一部分是关于 Logo 和页面背景，侧重于制作背景图片素材时的一些细节问题。

关于颜色的选择问题。鉴于网站的风格存在差异，网页和素材色系的选择也是界面设计阶段很重要的内容，网络上也有很多关于网页色彩的文章，大家可以依据其中介绍的一些基本知识进行参考，良好的色彩感觉需要很长一段时间来培养。有些人可能会疑惑为什么要从导航按钮图片的制作开始，事实上，是让大家了解进而注重素材制作中的一些细节处，这对最终的作品效果有很大的影响，至少在视觉上而言。

1.1.1 任务：设计一组玻璃质感按钮

1.设计效果

完成后的效果如图1.1所示。

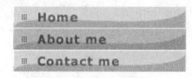

图1.1 导航按钮效果

2.任务描述

利用Photoshop/Fireworks图像处理软件，设计一组178 px×22 px的矩形导航按钮，包括弹起状态的灰色、翻转状态的蓝色或粉色玻璃质感图片。图片呈现立体光感效果，左侧有9个小点作为修饰，上部为浅色阴影，下部为深色阴影，整体带有玻璃质感效果。

3.设计思路

利用图像软件中的矩形工具，定义填充色，绘制矩形，在左侧和上侧各绘制一条白色线，呈现光照的立体效果，在左侧用铅笔等工具绘制小点，下部用钢笔工具绘制封闭区域，填充阴影色。注意设计中巧用图层的定义，以便于修改。

4.技术要点

矩形绘图工具、填充色定义、铅笔和钢笔工具的使用、定义图层和应用、设置调色板、艺术设计创意等。

1.1.2 设 计

1.设计弹出状态按钮

（1）首先在Photoshop/Fireworks中建立一个178 px×22 px的RGB空白文档，单击菜单项中【窗口】→【层】命令，在组合面板组中找到层并切换该选项，添加一个新图层，命名为"按钮"。

（2）在工具栏中选择矩形工具，将笔触色设为无，并用灰色♯ECECEC进行填充，在画布上绘制矩形。

（3）选择层面板，新建一个图层，命名为"高光"，在画布矩形的上、左边缘分别用画笔或单像素直线工具各绘制1 px的白色线条。然后用橡皮擦工具把左边缘白线的底部擦除一部分，在这里使用大小20 px、透明度为50%的像皮擦，如图1.2所示。

图1.2 绘制灰色矩形

(4)选择层面板,新建一个名为"网点"的图层,用 1 px 的铅笔工具在适当的位置绘制 9 个小点,示例中的颜色是♯727272,当然这里可以自由发挥,设计更有创意的小点组合,关键就是要让它们看起来精致有序,如图 1.3 所示。

图 1.3　在矩形上绘制几个小点

(5)选择层面板,新建一个名为"阴影"的图层,利用钢笔工具绘制路径,创建封闭区,并在选区内填充♯D6D6D6 颜色,来模拟玻璃的质感效果。如图 1.4 所示。

图 1.4　绘制封闭区域

(6)保存文件,浏览该图片。整个图片素材的制作过程虽然不是很复杂,但是最终效果看起来很美观。

2.设计鼠标经过导航时翻转图片

(1)创建翻转效果图片,只要简单地在前面设计的基础上调整色调即可。将前面文件另存,选择层面板中的按钮图层,将填充色改为♯BFE3FF(浅蓝)作为背景。

(2)同样,将阴影图层的玻璃质感改为♯A5D1F3。

(3)将网点图层的 9 个小点颜色改为♯E4001B。如图 1.5 所示。

图 1.5　翻转图片效果

(4)模仿前面 3 个步骤,可以设计图 1.5 中下面两个绿色和浅红玻璃质感按钮。

这部分涉及一些 Photoshop/Fireworks 的基本知识,如果不是很熟悉,建议先学习一些 Photoshop/Fireworks 的入门基础。Adobe 合并了 Macromedia 之后,旗下软件尤其是这两款软件与网页设计的关联性已经越来越紧密了。要设计出优秀美观的网页,离不开这些软件的运用。颜色选择要根据用户的需要,制作的方法大致相通。当然,可以发挥各自的创意进行更好的细节设计。

1.1.3 知识补充：颜色搭配设计

在颜色的搭配上，不论是主色还是辅助色，都要善于运用它们的明度变化来衍生更多的色彩。例如在上面颜色的基础上衍生色彩，如图1.6所示。如果只是反复使用三种以下的颜色，未免会让人感觉单调，当然，这也并不意味着颜色变化越多越好，要看网站的整体风格和设计者对颜色的驾驭能力。

图1.6　通过亮度衍生色彩

事实上，色彩的选择会体现很多个人因素，毕竟每个人都会有各自的色彩偏好，选择也会彰显个人风格。没人能要求你"必须选择什么颜色"，这里也只能提供一些个人认为比较实用的意见，如图1.7所示的色彩组，可以考虑以下因素进行选择。

图1.7　颜色对比选择

（1）使用至少一种高饱和度、高辨识度的色彩，并以其色调定义站点的整体基调。把这个色彩运用在文本链接上，能使其更加显眼、引人关注。

（2）切记不要在一个页面中使用过多的颜色，这样只会让网页看起来很花哨繁杂。建议所使用颜色最好保持在三种之内，一个主调色和两个辅助色。

在Photoshop/Fireworks中，人们可以通过色相/饱和度设置对话框，调整参数来调配颜色。图1.7中的几组颜色就是通过这种方法调制出来的，当然，在这个面板中可以变化出很多颜色，具体哪个参数应该为什么值都没有硬性的规定，网络上有很多推荐的色彩组合并明确给出了RGB值，大家在利用这种方法配色的时候也可以拿来参考。

如果经过了上面的学习之后，仍然不知道如何着手，可以参考这段关于颜色的影片 http://www.mariaclaudiacortes.com/colors/Colors.html。它不仅设计得相当有趣，而且对于认识和了解大众化的色彩体验和感知从而运用到网页设计中非常有帮助。

网页色彩的运用要达到独特的创意效果，单纯依靠多种色彩的机械组合难以达到目的，必须进行合理的配置，包括注意对比色以及浅、中、深的相互作用关系；把握主色调的比重及其与辅色的协调、呼应、对比和映照作用。辅助色色调比重不能超过主色调，否则会喧宾夺主、本末倒置。

1.2　页眉图片和Logo视觉修饰设计

这是关于素材设计的一部分，首先看一下这部分设计的效果，如图1.8所示。在前面制作按钮时用了粉红和暗绿两种色调，可能看起来有点怪，但有些人可能很中意这个组合。在设计网页整体页面的过程中，我们会给出一些意见和建议，重点是顶部的页眉图片，如何增加一些修饰细节，让它看起来更加美观、精致。

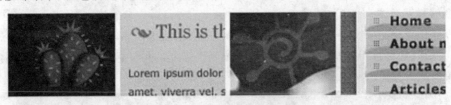

图 1.8　图像添加修饰效果

1.2.1　任务：设计一幅页眉图片

1．设计效果

页眉设计效果如图 1.9 所示，在一张偏粉色的图案上添加暗绿色和黄色的修饰图案。

图 1.9　页眉图片效果

2．任务描述

在以粉红色、深绿色和灰色作为网页用色的基础上，筛选图片素材用于修饰底图。然后，在图中增加一些修饰细节，使得它与粉红色、暗绿色和灰色的搭配看起来更和谐美观。

3．设计思路

在前面学习过导航按钮的颜色选择，现在来看一下如何处理一张花卉图像的色调，如图 1.10 所示，使其与页面的风格统一。在用到的花卉图像素材中，大家可以看到它上面也有红和绿两种色调，现在要做的就是把其中的颜色调制成粉红色和暗绿色，就好似导航菜单中使用的色调一样，如图 1.11 所示。

图 1.10　花卉图像色调

图 1.11　按钮所使用的色调

先来看一下图片中花朵的颜色，它的色调偏向于大红，可以使用 Photoshop/Fireworks 中的色相/饱和度命令来对它进行调整，将其变成偏向于粉红色。然后，对图像进行放大处理，选取局部图像区域，再进行线条和图案修饰。

4．技术要点

画面色相与饱和度定义、模糊工具的运用、通过控制透明度的线条修饰效果、艺术创意技巧、仙人掌标识效果设计。

1.2.2 设计

1. 调整样图色彩

（1）打开素材图像文件，在属性面板中调出色相/饱和度调整对话框，在色相调整滑块中针对图像中的红色进行调整。拖动色相滑块调制出需要的粉红色。具体的数值依据实际情况，比如本例大致是-30，如图1.12所示。

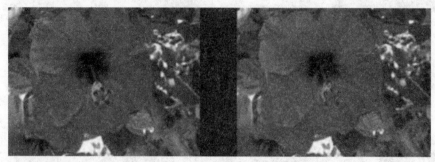

图1.12 调整图像色相，将其变成粉红色

提 示

下一步就是通过修饰细节，增加一些辅助色调来增进视觉效果，为接下来的滤镜处理做一些预处理。顶部图片的处理对创意有一定的要求，如果有相关经验的话就不是难事，所以素材处理能力以及个人的美工基础都会对设计过程、设计结果产生影响。

（2）将图像画面放大多倍，使得原来细节清晰的画面变成模糊状态，以便选取其中的某个区域作为效果图的底图，如图1.13所示。

图1.13 将原图放大多倍

提 示

在之前的步骤中，图片尺寸已经进行了调整，但是如果有比较多的细节要处理，建议还是在原始尺寸上操作，像本例中的图片刚开始也是在1600×1200的原始大小下进行处理的。

2.选取部分图像设计修饰

（1）选择工具栏中矩形选取工具或裁剪工具，在图像中剪切 692 px×90 px 的矩形区域作为设计的底图。

（2）为图像添加个人比较偏爱的绘画涂抹效果。选择工具栏中涂抹工具（Photoshop 中执行【滤镜】→【艺术效果】命令），在画面的颜色交界和纹理清晰部位进行涂抹，让它们融为一体。其效果如图 1.14 所示。

图 1.14　涂抹底图

> **提　示**
>
> 在 Photoshop/Fireworks 中，滤镜运用是很有趣的一件事情，调节其中的参数就可以获得很多意想不到的效果，加之在 CS 版本中提供了可用滤镜效果的缩略图预览，让这个本就实用的工具用起来更加方便。

3.添加修饰效果

（1）添加一些波浪线条营造虚幻的意境。可以用笔刷或者钢笔绘制一些浅粉色曲线，当然也可以用渐变工具制作，调整它们的边缘羽化和透明度，达到如图 1.15 中左部和中部的渐隐线效果。在图片的右边，利用 Tamuz 字体添加一个修饰符号。

图 1.15　设计渐隐线和修饰

> **提　示**
>
> 事实上，我们只需要做出其中一条渐隐线就可以了，然后复制图层，调整其透明度、角度、扭曲，制作出其他的线条。这里的颜色还是推荐使用粉红，为了区别于花朵的颜色，可以把线条的粉红明度调大一点。

（6）在图片上添加 Blog 标题。Blog 的标题反映了网站的内容主题，其文字组织因人而异，一般还会加上一个 Logo 标识，毕竟每个人都想让自己的 Blog 与众不同，有一些标志性的元素，在这里我们就简单地选用一个仙人掌标识，如图 1.16 所示。保存文件 header.jpg。

提示

关于字体和修饰符号的问题,网上有很多资源,感兴趣的读者可以搜索以便补充这方面的知识。

图 1.16 添加 Logo 标识

下面开始讲解背景图案。在 Photoshop/Fireworks 等软件中创作背景图案时,往往要精细到像素,尤其是那些平铺填充的背景。首先新建一个 30 px 见方的空白文档,填充适当的颜色,并用铅笔工具在上面绘制一些单像素小点,如图 1.17 所示。

图 1.17 背景图案

如同前面学习在导航按钮上绘制小点一样,应该发挥自己的创意。但有几点需要注意,比如小点的颜色不能与背景色反差太大,不然平铺以后它们会变得很刺眼;如果要利用小点来组合出一些图案或线条,通常建议采用复制图层并通过方向键调整其位置的方法来完成;适当的时候可以变化其图层模式或透明度等。如图 1.18 所示。

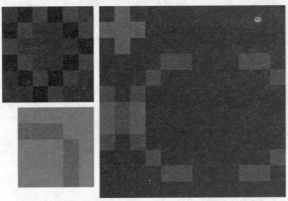 

图 1.18 放大的背景图案

制作这样的背景图案有一个难点,就是如何保证图案平铺时能实现无缝接合。毕竟背景的面积往往比较大,上面若出现割裂就会很显眼。通常采用的方法是利用 Photoshop/Fireworks 中的矩形选框工具,如图 1.19 所示,正方形选区左上角标识出的像素必须与其他三个标识区一致,这样截取下来进行平铺时才不会显现问题。

图 1.19 图案特殊像素点

当然,这个问题是否容易解决,也是关乎最初设计的背景图案,如果我们动手的时候就把可能遇到的一些问题考虑在内,那么到解决的时候也不会太费力甚至返工了。

1.2.3 知识拓展:网站整体风格设计

网站整体风格及其创意设计,是网站设计的最难点。难在没有一个固定的模式可以参照和模仿。谈到风格(style),名词本身就是抽象的。在网站设计中可以指站点的整体形象呈现给用户的综合感受。这个"整体形象"包括站点的CI(标识、色彩、字体、标题)、版面布局、浏览方式、交互性、文字、图像、内容价值、存在意义等诸多因素。例如,网易网站给人感受是平易近人,迪士尼网站是生动活泼,IBM是专业严肃。这些都是网站给用户留下的不同感受。

回到网页的页眉设计,只有积累更多的设计经验,才能设计出适合网站整体风格的好作品。有道云笔记网站的页眉图像设计效果如图 1.20 所示。

图 1.20 渐变色与图结合的页眉设计

国外某网站的页眉图像设计效果如图 1.21 所示。非常漂亮的抽象背景图片,内容以光晕、烟雾为主。有着非常好的渐变效果,与网页背景色融合得非常和谐。透明的元素不但给人高端、干净的感觉,还让背景图片能够凸显出来,避免因为元素的遮挡而让原本漂亮的背景失去吸引力。

图 1.21 带有云雾透明效果的页眉设计

无论是平面设计，还是网页设计，色彩永远是最重要的一环。当用户距离显示屏较远的时候，看到的不是优美的版式或者美丽的图片，而是网页的色彩。

关于色彩的原理有许多，大家可以参看相关设计书籍，有利于系统地理解。在此仅仅提供给大家一些网页配色的小技巧。

(1) 先选定一种色彩，然后通过调整透明度或者饱和度，生成新的色彩，它们之间具有相关近似性。选用这样色彩用于页面，让人感到色彩统一、有层次感。

(2) 先选定一种色彩，然后选择它的对比色。

(3) 用同一个类型色彩，例如淡蓝色、淡黄色、淡绿色；或者土黄色、土灰色、土蓝色。

(4) 在配色时也要切记：不要将所有颜色都用到，尽量控制在三种色彩以内。背景和前文的对比尽量要大，以便突出网页中最主要的文字内容。

1.3 用 CSS 与 Div 设计网页

到目前为止，导航按钮和顶部图片的制作已经完成。现在的任务就是把设计出来的素材整合在一起，拼合成一个最终的页面效果。这已经到了网页布局设计阶段，若还有其他可添加的修饰元素，最好都在页面效果图中体现出来。在本项目的页面中，文章标题和友情链接的前面都用精致的图标进行了修饰，效果看起来还可以，当然，可以选择自己喜欢的素材替换，在设计过程中体会乐趣。

前面已经完成了网页素材设计工作，现在关注如何对效果图进行解析，并利用 CSS 与 Div 进行网页布局的结构设计。

CSS 样式表，其英文全称为 Cascading Style Sheet，翻译为层叠样式表。可以用于控制网页中字体、颜色、图像、表格、链接和布局格式。是 Web 页面设计的重要技术，它使得网页内容与样式定义彻底分开，甚至可以将 CSS 保存为 .css 文件，使用时再进行调用导入。这样就可以通过定义和修改 CSS 达到页面设计的效果。

1.3.1 任务：网页的布局设计

1.设计效果

利用 CSS 与 Div 进行网页设计，完成后的效果如图 1.22 所示。

图 1.22　页面设计效果

2.任务描述

首先我们必须明确几个问题：比如设计好的界面应该划分成几块？每块对应网页中的哪部分内容？只有对这些问题有了思考之后，才能开始切片和导出的操作，或者用 Dreamweaver 进行设计。如果对页面构建的整个流程很熟悉，那么以上几个问题并没有太大的难度，可能在 Photoshop/Fireworks 中设计素材的时候就已经开始考虑之后的 Div 划分。当然，我们要有一定的应变能力，合理地组织 CSS 和 HTML5，让最终出炉的网页具有更好的灵活性和可访问性。

3.设计思路

首先对页面显示信息进行模块的划分。本例中页面大的区域模块划分，如图 1.23 所示。包括：

(1)顶部页眉(the header)；

(2)左侧边栏(the left)；

(3)正文区域(the content)；

(4)底部页脚(the footer)。

在 Photoshop/Fireworks 中进行设计，完成切片并导出 jpg 或 gif 格式的文件，包括：

(1)顶部页眉图片(header)；

(2)默认导航按钮图片(bg_navbutton);

(3)翻转导航按钮图片(bg_navbutton_over);

(4)文字链接图标(bullet_extlink);

(5)文章标题图标(bullet_title)。

图 1.23　页面构成示意图

也许有人会想：那背景图片呢？这里没有把它罗列在其中，是因为背景图片比较特殊，不论在何种分辨率下都要保持主体内容的居中，所以需要一种更聪明的方法。那就是要导出的背景图片，它的尺寸是 1600 px×5 px，应该够用了，除非你拥有 Apple 公司 30 英寸的超宽屏显示器。

接着，思考在 HTML 代码中插入<Div>标签，划分页面结构。先在页面插入 Div 标签，作为划分结构的一个容器，定义其 id＝container。在其中插入 3 个 Div，分别作为左侧边栏，定义其 id＝left；右侧正文区域，定义其 id＝content；分离区域，定义其 class＝clear。然后在容器 Div 下面插入一个 Div，作为网页页脚区域，定义其 id＝footer。

最后，利用 CSS 定义每个区域内的显示内容的样式格式。涉及 Div 标签及其属性的定义，常用属性，CSS 样式表的几种格式，id 和 class 的应用，利用 h1 标签及其属性进行内容块定义，用无序列表格式定义导航按钮，链接的几个关键状态。

1.3.2　设　计

定义站点　　布局划分

1.定义页面的基本布局结构

(1)新建页面文件，在代码视图编辑窗口添加的页面代码如下：

```html
<body>
<!-- Begin Container -->
<div id="container">
<header></header>
<nav>
<!-- Begin LEFT -->
<div id="left">
</div>
<!-- End LEFT -->
</nav>
<!-- Begin Content on the RIGHT -->
<article>
<div id="content">
</div>
</article>
<!-- End Content on the RIGHT -->
<div class="clear"> </div>
</div>
<!-- End Container -->
<!-- Begin Footer -->
<footer>
<div id="footer">
</div>
</footer>
<!-- End Footer -->
</body>
```

即将页面分为四个大区域:用于显示页眉的顶部区域、左侧的导航栏区域、右侧的正文区域和底部的页脚区域。代码中暂时还没有考虑页眉图片的显示。

(2)在容器 container 的最上部首先显示页眉文字 My Blog,并以标题1格式呈现。然后,在 id 为 left 的 Div 内添加两个 Div,id 分别为 navcontainer 和 favlinks,分别用来显示左侧边栏上部的导航按钮和下部的超级链接标题文字。其代码如下黑体显示:

```html
<header>
<h1>My Blog</h1>
</header>
<nav>
<!-- Begin LEFT -->
<div id="left">
<!-- Begin navigation -->
<div id="navcontainer">
</div>
<!-- End navigation -->
<!-- Begin favorite links -->
<div id="favlinks">
</div>
<!-- End favorite links -->
</div>
<!-- End LEFT -->
</nav>
```

2.页面顶部图片显示的实现

页眉显示

提 示

建议 Blog 的标题最好使用 h1 标签,以文本的形式表现标题内容,原因是不论是在 CSS 关闭的情况下,还是对于搜索引擎的抓取,h1 标签结合文本的形式都具有更好的可访问性。这个提议很有道理,很多人也是这么做的,所以我们也建议大家对之前的代码进行调整。若既想使用 h1 标签来实现 Blog 标题,又想保持原来标题位置的图片,那么就有必要了解一下 CSS 中很经典的图像替换文本技术。简单地说,就是在 HTML 中包含了文本,并为其设置背景图片,但是要通过 CSS"隐藏"文本而仅仅显示背景图片。若对这个技术不是很了解,可以参照很多网站专门关于图像替换文本技术的文章。

这里,可以使用图像替换文本技术来显示顶部图像。这个技术有时候也称之为文本替换或图像替换,其核心是在 HTML 代码中使用文本,然后通过一些方法将文本"隐藏",而仅显示背景或其他形式的图片,这样在保证可访问性的同时,也使得页面因图像的应用而更加美观。

(1)现在就将图片设置为背景,定义 h1 标签的 CSS 样式表,选择菜单项中【文本】→【CSS 样式】→【新建】命令,在弹出的对话框中设置选项,如图 1.24 所示。

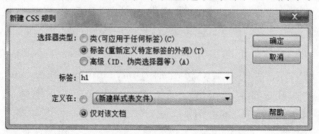

图 1.24 定义 h1 标签的 CSS

说明:

①若要创建一个可作为 class 属性应用于任何 HTML 元素的自定义样式,请选择"类"选项,然后在选择器名称文本框中输入样式的名称,类名称必须以句点(.)开头(例如 .myhead1),如果没有输入开头的句点,系统将自动加入它。

②若要重新定义特定 HTML 标签的默认格式,请选择"标签"选项,然后在选择器名称文本框中输入 HTML 标签或从弹出的菜单中选择一个标签。

③若要定义包含特定 ID 属性的标签格式,请选择"高级"选项,然后在选择器名称文本框中输入唯一 ID,ID 必须以井号(#)开头(例如#myID1),如果没有输入开头的井号,系统也将自动加入它。

④若要定义同时影响两个或多个标签、类或 ID 的复合规则，请选择"高级/复合内容"选项并输入用于复合规则的选择器。例如，如果输入 div p，则 div 标签内的所有 p 元素都将受此规则影响。

⑤最下面的选项"定义在"，为选择要定义规则的位置。若要创建外部样式表，请选择"新建样式表文件"。若要在当前文档中嵌入样式，请选择"仅对该文档"。

(2) 单击【确定】按钮后，弹出 CSS 规则定义对话框，如图 1.25 所示。在背景项中定义背景图像属性，选择文件，在区块项中定义文字缩进属性为 −9999 px，在方框项中定义宽属性为 692 px、高属性为 90 px、边界属性为 0、填充属性为 0。

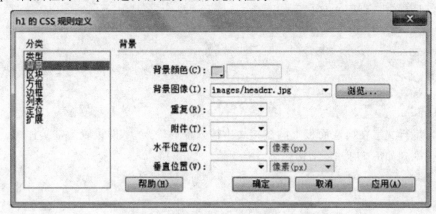

图 1.25 定义 h1 标签 CSS 属性值

(3) 单击【确定】按钮后，会在页面顶部呈现图片。切换到代码视图，查看代码，发现在 <head></head> 内添加了如下代码：

```
<style type="text/css">
  h1 {
    width: 692px;
    height: 90px;
    text-indent: −9999px;
    background: url(images/header.jpg);
    margin: 0;
    padding: 0;
  }
</style>
```

其中 <style></style> 为样式表标签，由于前面选择了内嵌入文档的 CSS 文件形式，所以在其中显示所定义的样式。width 和 height 属性是必须定义的，且与背景图片的尺寸保持一致。而后利用 text-indent 文字缩进属性的设置，使文本有足够的缩进，实现隐藏。对于外围容器，利用 margin:0 和 padding:0 定义边界和填充值。

3. 左侧导航菜单的实现

（1）首先定义导航外围容器 id 为 left 的 Div 样式，这里只定义其宽度属性。类似前面添加 CSS 的步骤或直接在代码编辑窗口内输入代码。

导航按钮

```css
#left {
    width: 178px;
    float: left;
}
```

其中 float 属性定义该 Div 浮动靠在外边容器的左边。

（2）用添加的 id 为 navcontainer 的子容器来放置导航菜单。设计导航标签推荐使用无序列表 ul，再通过 CSS 改变其外观和格式。在设计视图页面该 Div 内输入下列文字并定义其为无序列表格式，页面文字显示如下：

* Home
* About me
* Contact me
* Articles
* Photo roll

（3）为每行文字在属性面板上的链接文本输入框内输入#，即设置为链接样式。切换到代码视图，见到如下 HTML 结构代码：

```html
<div id="navcontainer">
  <ul>
    <li><a href="#">Home</a></li>
    <li><a href="#">About me</a></li>
    <li><a href="#">Contact me</a></li>
    <li><a href="#">Articles</a></li>
    <li><a href="#">Photo roll</a></li>
  </ul>
</div>
```

ul 和 li 标签构建了一个简单的项目列表，其项目符号默认为小圆点。但这里不需要这种显示方式。

（4）利用 CSS 可以去掉文字前面的小圆点，并用背景图片的形式替换我们制作好的图标。定义相关 CSS 样式如下：

导航按钮 CSS

```css
#navcontainer {
    width: 178px;
}
#navcontainer ul {
    margin: 0;
    padding: 0;
    list-style-type: none;          //去掉项目符号前的点标记，在定义的列表项中类型选无
    font: bold 12px/22px Verdana, Arial, Helvetica, sans-serif;
```

```
   text-indent: 20px;              //区块项中文字缩进为 20
   letter-spacing: 1px;            //区块项中字母间距为 1
   border-bottom: 1px solid #000FFF; //边框项中下端线选实线、对应宽度为 1
}
```

第一段代码定义导航容器的宽度，其值与 left 容器相同。第二段代码主要用于改变列表的外观，margin 和 padding 值为 0，确保导航项目与容器边界没有空隙，并去除了列表项默认的缩进，list-style-type 则定义了列表的项目符号为无。text-indent 使文本向右缩进，给左边空出一定的空间，以便于后面定义背景图片，并保证背景图片不会被文本遮盖。最后一行代码在每个导航项目的底部生成一条白线，兼具美化和分界的功能。

（5）为改变链接外观定义 CSS 样式。

```
#navcontainer a {
   display: block;  //定义区块项中显示项选块
   width: 178px;
   height: 22px;
}
```

以上代码是为导航内 a 标签而定义的 CSS，作用于导航中的每个链接元素。display:block 将链接对象转换为块级元素，然后再定义其宽和高，使得链接项目具有类似按钮一样矩形的触发区域，以便于后面利用伪类 a:hover 来定义鼠标经过链接时的翻转效果。示意如图 1.26 所示。

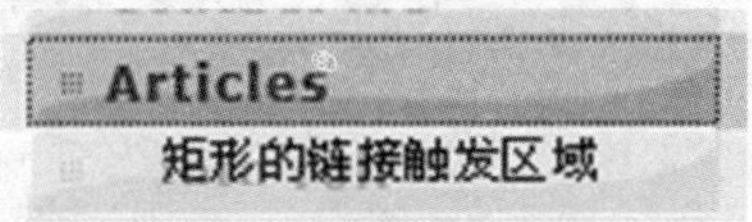

图 1.26 鼠标触发区域示意

（6）为改变背景色或背景图片显示，在代码视图内添加如下两段代码：

```
#navcontainer a:link, #navcontainer a:visited {
   background: url(images/bg_navbutton.gif);
   color: #5C604D;
   text-decoration: none;  //类型项中文字修饰定义为无
}
#navcontainer a:hover {
   background: url(images/bg_navbutton_over.gif);
   color: #A5003B;
   text-decoration: none;
}
```

两段代码分别定义了 3 个状态，link 弹起、visited 访问和 hover 鼠标指向的链接文本颜色，并设置 text-decoration 属性为 none，用来去除链接默认的下划线。此时，页面显示链接如图 1.27 所示。

若想要让访问过的状态在项目显示上留下印记，则将 visited 放在 hover 的 CSS 中，就

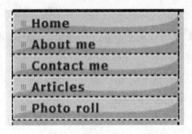

图 1.27 链接项目的样式

可以实现这个效果。

（7）导航设计往往要求简洁明了，具有很强的指示性。所以这里定义一个额外的样式 ♯current，来呈现当前页面处于导航中的哪个项目。在代码中定义 Home 的链接标签 id 为 current，然后定义下面的 CSS 代码。

```
♯navcontainer li a♯current {
    background：url(images/bg_navbutton_over.gif)；
    color：♯A5003B；
    text-decoration：none；
}
```

id 为 current 的样式，针对列表项目 li 中的链接元素，其属性的定义与链接的 hover 状态样式一样，要做的就是把这个样式应用到 HTML 中。现在，current 样式已经应用到了第一个 li 上，也就是浏览器解析后"Home"导航项较之其他的菜单项目有其独特的外观，表明当前的页面是属于"Home"栏目的。如图 1.28 所示。

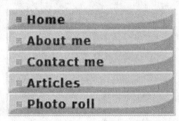

图 1.28 定义当前链接项样式

4. 左侧栏友情链接样式

（1）首先，把该项链接内容放置在前面定义的一个名为 favlinks 的 Div 容器中，类似前面的步骤（3），在 HTML 中找到该容器，添加如下代码：

```
<div id="favlinks">
<h2>My Favorite Sites</h2>
<ul class="extlinks">
<li><a href="http://stopdesign.com/">Stopdesign</a></li>
<li><a href="http://www.simplebits.com/">SimpleBits</a></li>
<li><a href="http://www.mezzoblue.com/">Mezzoblue</a></li>
<li><a href="http://www.zeldman.com/">Zeldman</a></li>
<li><a href="http://www.1976design.com/blog/">1976 Design</a></li>
<li><a href="http://cssvault.com/">CSS Vault</a></li>
```

```
<li><a href="http://www.7nights.com/asterisk/">Asterisk*</a></li>
<li><a href="http://www.cameronmoll.com/">Authentic Boredom</a></li>
<li><a href="http://www.justwatchthesky.com/Journal/">Just Watch The Sky</a></li>
<li><a href="http://designbyfire.com/">Design by Fire</a></li>
<li><a href="http://www.nundroo.com/">Nundroo</a></li>
<li><a href="http://www.shauninman.com/">Shaun Inman</a></li>
<li><a href="http://www.hicksdesign.co.uk/journal/">Jon Hicks</a></li>
<li><a href="http://www.andybudd.com/">Andy Budd</a></li>
<li><a href="http://ximicc.com/">ximicc</a></li>
<li><a href="http://www.whatdoiknow.org/">What Do I Know?</a></li>
</ul>
</div>
```

栏目标题利用 h2 标签实现,而链接项文字则还是用无序列表 ul 来实现。

(2)这部分请尝试通过把样式表定义为外联式的格式,来实现 CSS 样式的设定。类似前面的步骤,现在创建外部 favlinks.css 文件,在其中定义 favlinks 容器的样式 width、margin 和 padding 等属性。选择菜单项中【文本】→【CSS 样式】→【新建】命令,在弹出的对话框中"选择器类型"选择"高级",在"标签"输入框内输入"#favlinks","定义在"选择"新建样式表文件"。接着定义代码如下:

```
#favlinks {
    width: 163px;
    padding-left: 15px;
    margin-top: 10px;
}
```

注意:width 值与导航菜单的宽度 178 不相等,因为 padding-left 中定义了 15px 的内填充,所以其宽度值应该是 178-15=163 px。顶部边界也离开 10px。

(3)下面为栏目标题文字定义 CSS,其程序代码如下:

```
#favlinks h2 {
    font: normal 16px Georgia, Times New Roman, Times, serif;
    color: #5C604D;
    margin: 0 0 10px 0;
    padding: 0;
}
```

说明:善于运用 CSS 的缩写规则。

①关于边距(4 边),注意上、右、下、左的书写顺序:1px 2px 3px 4px(上、右、下、左)、1px 2px 3px(省略的左等于右)、1px 2px(省略的下等于上,左等于右)、1px(四边都相同)。

②简化所有:body{ margin:0 } 表示网页内所有元素的 margin 为 0、#menu

{margin:0}表示menu盒子下的所有元素的margin为0。

③缩写(border)特定样式：border:1px solid #FFFFFF、border-width:0 1px 2px 3px。

除了设置文字的字体和颜色之外，定义padding和margin属性也是必需的，因为如果不明确指定的话，栏目标题和链接列表之间的间隔可能会不可预期，在这里我们直接用margin属性定义了10 px的下边距。

(4)为无序列表ul定义CSS,其程序代码如下：

```
#favlinks ul {
    margin: 0;
    padding: 0;
    list-style-type: none;
}
```

链接文字CSS

这里的属性设置与前面实现导航的ul设置一样，主要是隐藏了默认的小圆点项目符号，并把边距和填充设置为0。

(5)在列表中各个链接文字前面添加一个图像标记，先在HTML中为该ul标签定义类class为extlinks,然后定义CSS代码如下：

```
ul.extlinks li {
    background: url(images/bullet_extlink.gif) no-repeat 0 3px;
    font: normal 11px/16px Verdana, Arial, Helvetica, sans-serif;
    padding-left: 12px;
}
```

在HTML中已经把名为extlinks的class类应用在了ul标签上，所以这里用ul.extlinks li的选择符组合来定义extlinks下级中的li元素样式。图标还是采用背景的方式实现，属性中为其定义了坐标，即y轴方向下移3px,目的是让图标与其后面链接文字看上去对齐。padding中只定义了一个左填充，防止链接文字与图标产生重叠。

(6)为链接样式定义CSS,分别设定链接的正常状态、访问过状态和鼠标指向状态的代码：

```
.extlinks a:link {
    color: #A5003B;
    text-decoration: none;
    border-bottom: 1px dotted #A5003B;
}
.extlinks a:visited {
    color: #6F2D47;
    text-decoration: none;
```

```
    border-bottom: 1px dotted #959E79;
}
.extlinks a:hover {
    background-color: #C3C9B1;
    color: #A5003B;
    text-decoration: none;
    border-bottom: 1px solid #A5003B;
}
```

在各种状态中,除了背景色还用边框属性定义了一条 1px 的实线下边框。字体属性定义不是必需的,因为在 li 标签的 CSS 中已经体现过了。对访问之后的链接,我们将文字及下边框的颜色做了细微的淡化,使其不会那么显眼,并提示访问者这个链接已经点击过了。定义链接样式的时候,注意四个链接转台的顺序,正确的应该是 LVHA,否则鼠标经过等效果可能会不能正常显示,这里有一种很有趣的方法,希望能够帮你牢记这个顺序:LOVE/HATE。

(7)创建外部样式表,现在所有的页面设计和构建工作已经完成了,剩下最后一项工作。在前面学习中可能发现人们经常使用内联样式,而实际应用中很多人更注重使用外部样式表。即把 CSS 样式定义在一个单独的样式表文件中,然后与网页文档链接起来。现在也可以把之前的样式定义剪切出来,粘贴到一个新文档中,类似命名为 favlinks.css 这样的文件格式。

在 HTML 代码中使用<link/>标签,链接外部样式表如下:

```
<link rel="stylesheet" type="text/css" media="screen" href="favlinks.css" />
```

因为这里的样式只显示在电脑屏幕上,所以链接代码里的 media 参数设置为 screen,若需要打印页面,则把该参数设置为 print,会有更好的打印效果。关于该参数更多的设置,可以参考 http://www.w3schools.com/css/专业网站的相关内容。

5.正文与图片混排 CSS

(1)现在开始在页面正文部分添加内容。首先定义正文部分布局格式,在 CSS 中添加一个 id 为 content 的 Div,在其中定义一个宽度值 514 px(692-178)。

```
#content {
    width:514px;
    float:left;
}
```

其中 float:left 语句,让该 Div 的左浮动针对其外围容器,解析之后它将紧靠导航区域显示在右侧。

(2)此时会发现正文部分与导航菜单贴得很紧,可以利用 padding 属性来增加间隙,在该 CSS 中增加黑体代码如下:

```
#content {
    width:479px;
    float:left;
        padding-top:15px;
        padding-right:0;
        padding-bottom:10px;
        padding-left:20px;
}
```

也可以将代码简化为：

```
#content {
    width:479px;
    float:left;
    padding:15px 0 10px 20px;
}
```

这样定义后，正文部分布局效果示意，如图 1.29 所示。不论是 padding 还是 margin，若其后跟着四个数值，对应的边缘顺序是上、右、下、左，即顺时针方向。大家会发现#content 中定义的宽度由原来的 514 变成了 479，这是为了让正文内容区域与左右边框空出一点距离，左边界用 padding 实现，而右边界因为整个 Div 是左浮动的，所以直接将 Div 的宽度缩减 15 px，width 的值就变成了 514－20－15＝479 px。

图 1.29　CSS 定义的正文区域布局效果示意图

也许你可能会有疑问：为什么不直接使用"width：494px"和"padding-right：15px"呢？初学者刚开始也许会这么做，效果在 Safari、FireFox 和 Mozilla 浏览器中还算正常，但在 IE 中就会出现问题，正文版块跳到了导航的下面，好像右边没有足够的空间容纳下正文 Div，具体问题出在哪里？可能是 IE 的一个 Bug 吧。

(3) 定义正文区域的文章标题，先来看一下规划正文内容版块的结构示意，如图 1.30 所示。可以把文章的标题放在 h2 标签中，即在 HTML 内的 id 为 content 的 Div 中添加如下代码：

```
<h2>This is the title</h2>
```
针对文章标题的 CSS 定义如下：
```
#content h2 {
    font:normal 18px Georgia, Times New Roman, Times, serif;
    color:#80866A;
    background: transparent url(images/bullet_title.gif) no-repeat;
    width:454px;
    padding:0 0 0 30px;
    margin:0;
}
```

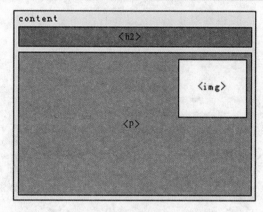

图 1.30　正文内容版块划分

这里使用 #content h2 的选择符组合，当然也可以直接对 h2 标签进行定义，但是会对页面中所有的 h2 元素都起作用。这个 CSS 样式的定义中，除了常规的字体集、颜色、字号之外，还利用 padding 属性在标题文本左边空出 30px 的缩进，目的是不遮盖背景图片。背景 background 属性中，除了图片的路径及其平铺方式，还定义了其背景色为透明 transparent，使整个标题更好地与其他元素融合。

（4）添加正文文字，在 HTML 中添加 3 组段落标签 p 来放置文本（这里只显示一个段落样例），并定义其类 class 为 text，代码如下：
```
<p class="text">Here comes the text</p>
```
（5）下面定义该段文字 class 类 .text 正文文字的 CSS 样式代码：
```
.text {
    font:11px/18px Verdana, Arial, Helvetica, sans-serif;
    color:#5B604C;
    margin-bottom:10px;
}
```

与 id 不同的是，class 类可以在网页页面中重复使用，里面的属性比较简单。需要解释一点，11px/18px 表示字体大小是 11 px，行高是 18 px。

（6）正文中添加混排图片，在页面上该段文字的后面插入一个图片文件，并定义图标签的类 class 为 imageright，下面编写应用在图片上的 CSS 样式代码：

```
.imageright {
    float:right;
    padding:7px;
    background-color:#FFFFFF;
    border:1px solid #BAC1A3;
}
```

这里还是使用了 class 类，因为之后在文字与图片排版中可能还会用到它。float:right 让图片在文本块中居右，而白色的背景和四边均为 7px 的 padding，使得图片的四周有了类似 7 像素白边的效果，目的是让图片内容与边框保持 7px 的间距。而真正的边框由 border 定义，1 像素实线。如图 1.31 所示。如果在文本块中有居左的图片，可以再添加一个名为 .imageleft 的 class 类，具体的属性设置只要把 float:right 改成 float:left 就可以了。

图 1.31 图文混排样式

说明：关于正文内容显示的另一种方式。

前面在添加正文内容时，是将其放在了一个 Div 容器中，而事实上如果用段落 p 标签做容器，也可以达到相同的效果。而且当 CSS 关闭时也能正常显示。用 p 标签来实现的话，还可以用 margin 来控制段落的上、下边距，也就不需要换行标签了。

6.页脚模块的构建

首先要提醒大家，相对于表格布局方式，CSS 中页脚的实现有很大区别。遗憾的是，Safari 作为一个新生浏览器，对 Web 标准的支持还不是很完善，如 min-width 和 min-height 属性，在 Safari 中还没能得到良好的支持。但是在页脚的设计中往往需要用到它们。

现在回顾一下网页的 Div 结构，之前设计的内容，如顶部、导航、正文等，都封装到一个 id 名为 container 的 Div 中，这组容器标签紧跟在 body 标签之后，接着就是一个 id 名为 footer 的页脚容器。

（1）在页脚 id 为 footer 的 Div 中输入以 h2 标签显示文字"copyright © 2018

Veerle Pieters-Duoh！&reg；n.v.",为-后文字设置链接 http://www.duoh.com。然后为该 Div 定义 CSS 设置代码如下：

```css
#footer {
    margin:0px auto;
    position:relative;
    background-color:#717F51;
    border-top:9px solid #F7F7F6;
    width:692px;
    padding:5px 0;
    clear:both;
}
```

页脚设置使用了暗绿色的背景，以及 9px 的上边框，宽度定义为 692px。clear 属性用于清除浮动，即在其左边或右边不允许有任何浮动元素。margin:0px auto 在之前已经出现过，其作用就是让页脚在页面中居中显示。为了防止页脚中的文字与边界贴得太近，用 padding 在上、下空出 5px 的填充空隙。

（2）为页脚中的文字定义 CSS 样式：

```css
#footer h2 {
    margin:0;
    text-align:center;
    font:normal 10px Verdana, Arial, Helvetica, sans-serif;
    color:#D3D8C4;
}
```

（3）为页脚中的链接文字定义 CSS 样式：

```css
#footer h2 a:visited,a:link {
    color:#D3D8C4;
    text-decoration:none;
    border-bottom:1px dotted #D3D8C4;
}
#footer h2 a:hover {
    color:#F7F7F6;
    text-decoration:none;
    border-bottom:none;
    background-color:#A5003B;
}
```

（4）要添加一段 JavaScript 程序，让页脚在 Safari 浏览器中也能被固定在底部。确保所使用的 id 名与在 JavaScript 中定义的函数名保持一致。完成 JavaScript 的添加后，如果在浏览器中预览发现页脚并没有显示出来，这可能是因为有两个浮动容器（#left 和 #content）都需要进行浮动清除，添加下面代码进行修正。首先在页脚的 Div 上面添加一个用于清除浮动的 Div：

```
<div class="clear"></div>
```
然后为其定义CSS：
```
.clear{
clear:both;
}
```

7.为整个页面设置背景

为背景设计一个小窄条的jpg或gif文件即可，定义<body>标签的CSS样式代码如下：
```
body{
    background:#F7F7F6 url(images/background.gif)repeat-y 50% 0;
    background-attachment:fixed;
    margin:0;
    padding:0;
    text-align:center;
}
```

其中背景颜色为#F7F7F6灰色，图片文件url，重复为repeat-y纵向重复，水平位置为50%，垂直位置为0，背景图随滚动轴的移动方式为fixed固定，边界为0，填充为0，文字对齐方式为center居中。这里设置文字居中显示。

为了保证整个页面的Div为居中显示方式，需要在id为container的CSS属性中添加"margin:0px auto;"，此时该项CSS变为：
```
#container{
    margin:0px auto;
    text-align:left;
    width:692px;
}
```

这就实现了整个页面布局内容的居中呈现。

至此，整个网页布局设计完成。保存文件为index.html，在浏览器中预览网页效果。

1.3.3 知识拓展：CSS及其规则

1.CSS规则

CSS格式设置规则由两部分组成：选择器和声明（大多数情况下为包含多个声明的代码块）。选择器是标识已设置格式元素的术语（如p、h1、类名称或id），而声明块则放在{ }之间用于定义样式属性。声明由两部分组成：属性和值。其实，通过前面设计已经能够熟练使用CSS规则了。

样式（由一个规则或一组规则决定）存放在与要设置格式的实际内容分离的位置，通常在外部样式表文件或HTML文档的文件头部分。因此，可以将例如h1标签的某个规则一次应用于许多标签（如果在外部样式表中，则可以将此规则一次应用于多个不同页面上的许多标签)。通过这种方式,CSS 可提供非常便利的更新功能。若在一个位置更新 CSS 规则,使用已定义样式的所有元素的格式设置将自动更新为新样式。

在 Dreamweaver 中可以定义以下样式类型:

(1)类样式,可将样式属性应用于页面上的任何定义了该类的元素。

(2)标签样式,定义特定标签(如 h1)的格式。创建或更改 h1 标签的 CSS 样式时,所有用 h1 标签设置了格式的文本都会立即更新。

(3)高级样式,定义特定元素组合的格式,或其他 CSS 允许的选择器表单的格式(例如,每当 h2 标签出现在表格单元格内时,就会应用选择器 td h2)。还可以重定义包含特定 id 属性的标签格式(例如,由♯myStyle 定义的样式可以应用于所有包含属性:值对 id="my-Style"的标签)。

CSS 规则可以位于以下位置:

(1)外部 CSS 样式表,存储在一个单独的外部 CSS(.css)文件(而非 HTML 文件)中的若干组 CSS 规则。此文件利用文档头部分的链接或@import 规则链接到网站中的一个或多个页面。

(2)内部(或嵌入式)CSS 样式表,若干组包括在 HTML 文档头部分的 style 标签中的 CSS 规则。

(3)内联样式,在整个 HTML 文档中的特定标签内定义(不建议使用内联样式)。

Dreamweaver 可识别现有文档中定义的样式(只要这些样式符合 CSS 样式准则)。Dreamweaver 还会在设计视图中直接呈现大多数已应用的样式。不过,在浏览器窗口中预览文档将使您能够获得最准确的页面动态呈现。有些 CSS 样式在 IE、Netscape、Opera、Safari 或其他浏览器中呈现的外观不同,而有些 CSS 样式目前不被任何浏览器支持。

2.CSS 布局

CSS 布局用于组织网页上的内容。CSS 布局的基本构造块是 Div 标签,它是一个 HTML 标签,在大多数情况下用作文本、图像或其他页面元素的容器。当创建 CSS 布局时,会将 Div 标签放在页面上,向这些标签中添加内容,然后将它们放在不同的位置上。与表格单元格(被限制在表格行和列中的某个现有位置)不同,Div 标签可以出现在网页上的任何位置。既可以用绝对方式(指定 x 和 y 坐标)或相对方式(指定与其他页面元素的距离)来定位 Div 标签,还可通过指定浮动、填充和边距(当今 Web 标准的首选方法)放置 Div 标签。

从头创建 CSS 布局确实是比较困难的,因为有很多种实现方法。可以通过设置几乎无数种浮动、边距、填充和其他 CSS 属性的组合来创建简单的两列 CSS 布局。另外,跨浏览器呈现的问题是某些 CSS 布局在一些浏览器中可以正确显示,而在另一些浏览器中无法正确显示。Dreamweaver 通过提供 16 种可以适合不同浏览器预先设计的布局,让初学者轻松地利用这些 CSS 布局构建页面。

3.Div 标签

Div 标签是用来定义网页内容的逻辑区域的标签。使用该标签可以将内容块居中,创建列效果以及不同的颜色区域等。如果对使用 Div 标签和层叠样式表(CSS)创建网页不熟悉，也可以基于 Dreamweaver 附带的预设计布局模板来创建 CSS 布局。注：Dreamweaver 将带有绝对位置的所有 Div 标签视为 AP 元素，即分配有绝对位置的元素，即使未使用 AP Div 绘制工具创建的那些 Div 标签也是如此。

4.CSS3 是全新的 CSS 标准

CSS3 完全向后兼容，因而不必改变现有的设计。CSS3 具有模块化属性，CSS3 被划分为模块。其中最重要的 CSS3 模块包括：选择器、框模型、背景和边框、文本效果、2D/3D 转换、动画、多列布局、用户界面。

例如 CSS3 边框，通过 CSS3 能够创建圆角边框，向矩形添加阴影，使用图片来绘制边框。在 CSS3 中创建圆角是非常容易的事情，border-radius 属性用于创建圆角，代码如下：

```
border:2px solid;
border-radius:25px;
-moz-border-radius:25px; //Old Firefox
```

CSS3 中用 box-shadow 属性用于向方框添加阴影，代码如下：

```
box-shadow:10px 10px 5px #888888;
```

这些效果不使用设计软件即可完成。

5. 预设的 CSS 布局

Dreamweaver 提供一组预先设计的 CSS 布局，它们可以帮助制作者快速设计好页面并开始运行，并且在代码中提供丰富的内联注释，以帮助了解 CSS 页面布局。Web 上的大多数站点设计都可以被归类为一列、两列或三列式布局，而且每种布局都包含许多附加元素（例如标题和脚注）。Dreamweaver 提供了一个包含基本布局设计的综合性列表，可以自定义这些设计以满足自己的需要。

借助管理 CSS 功能可以轻松地在文档之间、文档标题与外部表之间、外部 CSS 文件之间以及更多位置之间移动 CSS 规则。此外，还可以将内联 CSS 转换为 CSS 规则，并且只需通过拖放操作即可将它们放置在所需位置。

Adobe Device Central 与 Dreamweaver 相集成并且存在于整个 Creative Suite 3 软件产品系列中，使用它可以快速访问每个设备的基本技术规范，还可以收缩 HTML 页面的文本和图像，以便显示效果与设备上出现的完全一样，从而简化移动内容的创建过程。

1.3.4 知识补充：在 Dreamweaver 中创建 CSS

1.设置文本格式和 CSS

默认情况下，Dreamweaver 使用层叠样式表（CSS）设置文本格式。使用属性面板或菜单命令应用于文本的样式，创建 CSS 规则，这些规则嵌入在当前文档的头部。也可以使用 CSS 样式面板，创建和编辑 CSS 规则和属性。CSS 样式面板是一个比属性面板功能强大得多的编辑器，它显示为当前文档定义的所有 CSS 规则，而不管这些规则是嵌入在文档的头部还是在外部样式表中。Adobe 建议使用 CSS 样式面板（而不是属性检查器）作为创建和编辑 CSS 的主要工具。这样，代码将更清晰，更易于维护。

除了所创建的样式和样式表外,还可以使用 Dreamweaver 附带的样式表对文档应用样式。

2.创建和管理 CSS 样式面板

使用 CSS 样式面板,可以跟踪影响当前所选页面元素的 CSS 规则和属性(切换到"正在"选项),也可以跟踪文档可用的所有规则和属性(切换到"全部"选项)。使用面板顶部的切换按钮可以在两种选项之间切换,如图 1.32 所示。使用 CSS 样式面板还可以在"全部"或"正在"选项中修改 CSS 属性。

当前模式下的 CSS 样式面板在"正在"选项中,将显示三个面板:所选内容的摘要窗口,其中显示文档中当前所选内容的 CSS 属性;规则窗口,其中显示所选属性的位置(或所选标签的一组层叠的规则);属性窗口,它允许编辑应用于所选内容规则的 CSS 属性。

可以通过拖动窗格之间的边框调整任意窗口的大小,通过拖动分隔线调整列的大小。所选内容的摘要窗口,显示活动文档中当前所选项目的 CSS 属性的摘要以及它们的值。该摘要显示直接应用于所选内容的所有规则的属性,仅显示已设置的属性。

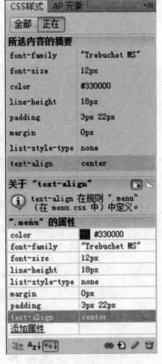

图 1.32 CSS 样式面板

3.检查跨浏览器呈现 CSS 是否有问题

浏览器兼容性检查(BCC)功能可以帮助定位在某些浏览器中有问题的 HTML 和 CSS 组合。当打开的文件中运行 BCC 时,Dreamweaver 扫描文件,并在结果面板中报告所有潜在的 CSS 呈现问题。信任评级由四分之一、二分之一、四分之三或完全填充的圆表示,指示了错误发生的可能性。四分之一填充的圆表示可能发生,完全填充的圆表示非常可能发生。对于它找到的每个潜在的错误,Dreamweaver 还提供了指向有关 Adobe CSS Advisor 错误的文档的直接链接、详述已知浏览器呈现错误的 Web 站点以及修复错误的解决方案。

默认情况下,BCC 功能对下列浏览器进行检查:Firefox 1.5、Internet Explorer (Windows)6.0 和 7.0、Internet Explorer(Macintosh)5.2、Netscape Navigator 8.0、Opera 8.0 和 9.0 以及 Safari 2.0。此功能取代了以前的目标浏览器检查功能,但是保留了该功能中的 CSS 部分。也就是说,新的 BCC 功能仍在测试文档中的代码,以查看是否有目标浏览器不支持的任何 CSS 属性或值。可能产生三个级别的潜在浏览器支持问题:

(1)错误,表示 CSS 代码可能在特定浏览器中导致严重的、可见的问题,例如导致页面的某些部分消失。错误默认情况下表示存在浏览器支持问题,因此在某些情况下,具有未知作用的代码也会被标记为错误。

(2)警告,表示一段 CSS 代码在特定浏览器中不被支持,但不会导致任何严重的显示问题。

(3)告知性信息,表示代码在特定浏览器中不被支持,但是没有可见的影响。

浏览器兼容性检查不会以任何方式更改文档。

4. 可视化 CSS 布局块

在设计视图中工作时，可以使 CSS 布局块可视化。CSS 布局块，是一个 HTML 页面元素，可以将它定位在页面上的任意位置。更具体地说，CSS 布局块是不带 display：inline 的 Div 标签，或者是包括 display：block、position：absolute 或 position：relative CSS 声明的任何其他页面元素。下面是几个在 Dreamweaver 中被视为 CSS 布局块的元素：

（1）Div 标签；

（2）指定了绝对或相对位置的图像；

（3）指定了 display：block 样式的 a 标签；

（4）指定了绝对或相对位置的段落。

注：出于可视化呈现的目的，CSS 布局块不包含内联元素（也就是代码位于一行文本中的元素）或段落之类的简单块元素。

Dreamweaver 提供了多个可视化助理，供查看 CSS 布局块。例如，在设计时可以为 CSS 布局块启用外框、背景和框模型。将鼠标指针移动到布局块上时，也可以查看显示有选定 CSS 布局块属性的工具提示。

下面的 CSS 布局块可视化助理列表描述了 Dreamweaver 为每个助理呈现的可视化内容：

（1）CSS 布局外框，显示页面上所有 CSS 布局块的外框。

（2）CSS 布局背景，显示各个 CSS 布局块的临时指定背景颜色，并隐藏通常出现在页面上的其他所有背景颜色或图像。每次启用可视化助理查看 CSS 布局块背景时，Dreamweaver 都会自动为每个 CSS 布局块分配一种不同的背景颜色。指定的颜色在视觉上与众不同，可帮助人们区分不同的 CSS 布局块。

（3）CSS 布局框模型，显示所选 CSS 布局块的框模型的填充和边距。

实训项目 一

一、实训要求

确定网站主题，至少设计 1 个网站主页面，展示所包含的重要信息内容。其中包含网站整体配色、页眉图像、导航按钮样式设计、页面布局设计。

除了主页外，设计中要考虑其他同一主题的子项页面的样式一致性。

二、实训步骤

1. 首先确定网站的主题，内容分类。

2. 规划网站的主页，注意主页的版面设计、整体布局（在已学技术范围）、划分为几个区域、色彩搭配、内容编排等。明确最有代表性色彩和内容类别。

3. 主页显示整体网页内容的概述、清晰的导航、版式和区域划分（主要是引起注意）。

三、评分方法

1. 完成了项目的所有功能。(40分)

2. 网页信息运用规范、正确,色彩搭配合理、舒适。(40分)

3. 实训报告内容充实,有独到之处等。(20分)

四、实训报告单

要求如下:

1. 总结所涉及网页制作技术。

2. 网站主要设计思路。

3. 实现过程及步骤。

4. 设计中的收获。

第 2 章　JavaScript 基础

学习 JavaScript 之前应该具备如下条件：
- 对 Internet 和万维网（WWW）有基本了解；
- 对超文本标记语言（HTML）有良好掌握。

本章基本要求：
- 了解 JavaScript 语言基本组成；
- 通过与已经学过的程序语言对比，理解 JavaScript 语言语法；
- 理解 JavaScript 面向对象编程。

2.1 JavaScript 概述

JavaScript 是 Web 项目开发中，使用最为广泛的脚本编程语言之一，能够处理相当多的任务。它既可以应用于 HTML 页面实现动态效果，也可以应用在服务器端完成数据库访问和文件读取等工作。但大多情况下用于动态网页中信息的控制、对表单数据的确认、创建复杂用户界面等 Web 页面交互设计及其页面特效。

2.1.1 JavaScript 的组成

JavaScript 是一种跨平台、具有面向对象编程特性的脚本语言。虽然它被更多地使用在浏览器上，但同样能够用于服务器端。JavaScript 语言可以分为三个部分：JavaScript 核心语言、JavaScript 客户端扩展、JavaScript 服务器端扩展。

1.JavaScript 核心语言

它的核心部分包括 JavaScript 基本语法：操作符、语句、函数和内置对象；JavaScript 内置对象：Array 对象、Date 对象和 Math 对象等。

2.JavaScript 客户端扩展

客户端运行的 JavaScript，在核心语言基础上扩展了控制浏览器对象和文档对象模型 DOM（Document Object Model）。客户端运行的 JavaScript 程序，将 JavaScript 核心语言部分和 JavaScript 客户端扩展结合起来,可以对页面上的对象进行控制,完成各种功能。

3.JavaScript 服务器端扩展

服务器端运行的 JavaScript,是在核心语言基础上扩展了在服务器上运行需要的对象。这些对象可以与关系数据库互连,可以对服务器上文件进行控制,可以在应用程序之间交换信息。服务器端运行的 JavaScript 应用程序,必须将 JavaScript 核心语言部分和 JavaScript 服务器端扩展结合起来。在服务器端使用 JavaScript,可以分为两个方面:

- Netscape 服务器端 JavaScript;
- 活动服务器页面 ASP 中 JavaScript 编写的脚本功能。

服务器端 JavaScript 的核心语法包括:变量、数据类型、表达式、控制流程语句等,同客户端完全相同。但是,在运行于客户端和运行于服务器端的代码之间,会有很多差异。在应用于服务器端情况下,JavaScript 将在服务器上被解释甚至编译,其结果将作为一个标准的 Web 文档(HTML)被传送到 Web 浏览器。

2.1.2 JavaScript 的特点

JavaScript 是一种用来提高开发 Web 页面效果的脚本语言,它能够使 Web 页面具有更好的交互性,给网页信息添加各种动态的效果。它也是一种面向对象和事件驱动并具有安全性能的脚本语言。使用时将其嵌入 HTML 超文本标记语言内,实现网页上面向客户的各种增强效果。既可以对客户端数据进行操作,也可以对服务器端数据进行控制和调用。

虽然 Microsoft 启用了自己的服务器端脚本解决方案,即 ASP。但在实际面向 Web 开发中,仍然要使用 JavaScript 或 JScript 作为编写 ASP 应用程序的语言。在编写 JavaScript 的 ASP 代码的时候,用户可以用许多方式来告诉服务器运行一段脚本:

- 用 JavaScript 作为 ASP 语言,使用<% %>标签;
- 使用服务器端的 include;
- 带 runat="server"的属性的<script>标签来包含一段脚本。

前两种方法是传统用来在 HTML 页面内包含服务器端脚本的技术,最后一种是没用的方法,它的格式与客户端脚本一样。

1.JavaScript 是脚本语言

它采用小程序段方式与 HTML 结合起来实现编程,并且是一种脚本语言。它的基本程序结构形式与其他编程语言十分相似,所不同的是它不需编译,而是在 Web 浏览器内由解释器逐行解释执行。每次运行程序的时候,解释器都会把程序代码翻译为可执行的格式。所谓解释器就是一个脚本引擎,它是浏览器的一部分。

JavaScript 语言,满足欧洲计算机制造商联合会(即 ECMA)制定的一个国际通用标准化版本 ECMAScript,目前是 ECMAScript 2.6。

2.JavaScript 面向对象的特性

在 Java 和 JavaScript 中,同样都要使用到对象,但 Java 是一种基于类的语言,编程时需要先定义类,定义类的属性和方法,使用时必须创建类的实例。而 JavaScript 是一种基于原型的语言,编程时并不区分类和实例,在使用对象时也不需要关心对象的所有属性和方法。因此,常把 JavaScript 称为基于对象的语言。

3.JavaScript 与 HTML

人们使用 JavaScript 编程，是为了控制 HTML 网页上所显示的信息或对象，所以 JavaScript 代码必须与 HTML 结合。在将 JavaScript 嵌入 HTML 网页时，必须使用＜script＞标签。

使用＜script＞标签的一般格式为：

```
<script>
    JavaScript 程序代码
</script>
```

其中＜script＞是 HTML 中的一种扩展标签，JavaScript 代码写在标签内。浏览器通过标签才能够识别并解释其中的 JavaScript 代码。例如：

```
<script>
    window.document.write("hello");//JavaScript 代码
</script>
```

程序运行结果是将 hello 写入（显示）在页面上。这里用到了 window 对象和 document 对象。window 对象是浏览器窗口的对象，window 对象之下有 HTML 的页面对象 document，document 对象有一个方法 write()，这个方法的功能就是将字符串写入当前页面中。

4.JavaScript 程序设计

在进行 JavaScript 程序设计时，JavaScript 程序可以嵌入在网页代码中的任何位置。通常是如下三种情况：

（1）将 JavaScript 程序放在网页中的＜body＞ ＜/body＞主体部分。

示例 2-1　在页面上显示当前的日期：年、月、日。

```
<html>
<head>
<title>显示当前的日期</title>
</head>
<body>
今天是：
<script language="JavaScript">
    var today=new Date();                    //定义生成一个日期对象实例；
    date=today.getDate();                    //利用日期对象的日、月、年方法获得数据；
    month=today.getMonth();
    month=month+1;                           //实际月是所取得数据+1；
    if(month<=9)month="0"+month;             //为所显示月设定两位数显示格式；
    year=today.getFullYear();
    document.write(year,"-",month,"-",date); //利用文件对象的写方法显示数据；
</script>
</body>
</html>
```

(2)将 JavaScript 程序放在网页中的<head> </head>之间,使用一个 showdate()函数。然后在<body> </body>主体部分调用。

示例 2-2 在页面上显示当前的日期:年、月、日。

```
<html>
<head>
<title>显示当前的日期</title>
<script language="JavaScript">
  function showdate(){
    var today=new Date();
    date=today.getDate();
    month=today.getMonth();
    month=month+1;
    if(month<=9)month="0"+month;
    year=today.getFullYear();
    document.write(year,"-",month,"-",date);
  }
</script>
</head>
<body>
今天是:
<script language="JavaScript">
    showdate();
</script>
</body>
</html>
```

(3)将 showdate.js 文件保存在与 HTML 文件同一文件夹里,然后在<body></body>主体部分进行调用。利用了外嵌式文件,使得网页程序更加简化。

示例 2-3 在页面上显示当前的日期:年、月、日。

```
<html>
<head>
<title>显示当前的日期</title>
</head>
<body>
今天是:
<script language="JavaScript" src="showdate.js"></script>
</body>
</html>
```

使用一个外嵌式".js"文件,即使用记事本编辑如下内容并保存为 showdate.js 文件。

```
var today=new Date();
date=today.getDate();
month=today.getMonth();
month=month+1;
if(month<=9)month="0"+month;
year=today.getFullYear();
document.write(year,"-",month,"-",date);
```

其实,脚本程序可以嵌入在 HTML 文件的任何位置。例如<head></head>标记的下面。

5.JavaScript 的应用范围

JavaScript 扩展了网页中的 HTML 功能,在网页设计中发挥重要作用。在实现网页设计的动态效果方面,JavaScript 可以用于:

- 页面修饰和特殊效果;
- 表单确认;
- 导航系统;
- 基本数学运算;
- 动态文档生成。

2.2 JavaScript 基本语法

2.2.1 程序结构

1. 基本结构

典型 JavaScript 程序如下:

```
<Script Language="JavaScript">
    JavaScript 语言代码(语句);
    JavaScript 语言代码;
    ....
</script>
```

说明:每一句 JavaScript 都有类似的格式:每个语句以分号";"结束。

语句块是用大括号"{ }"括起来的一个或 n 个语句。在大括号里边是几个语句,但是在大括号外边,语句块是被当作一个语句的。语句块是可以嵌套的,也就是说,一个语句块里边可以再包含一个或多个语句块。

示例 2-4　在页面上显示文字："这是用文档对象输出文字"。

```
<html>
<head>
<Script Language="JavaScript">
  document.write("这是用文档对象输出文字");
  document.close();
</script>
</head>
<body>
</body>
</html>
```

说明：document.write()是文档对象 document 的输出函数,其功能是将括号中的字符或变量值输出到窗口;document.close()是将输出关闭。

可将<script>…</script>标识放入<head>…</head>或<body>…</body>之间。当 JavaScript 标识放置在<head>…</head>头部之间,会使之在主页和其余部分代码之前装载,从而使代码的功能更强大;将 JavaScript 标识放置在<body>…</body>主体之间,以实现某些部分动态地创建文档。

2. JavaScript 中的变量

只要编写程序,就少不了变量和语句。

变量是用来存储可变的量或不变的量。从编程角度讲,变量是用于存储某种数值的存储器。它所储存的值,可以是数字、字符或其他的一些东西。

要同时满足以下变量的命名要求：
- 只包含字母、数字和/或下划线；
- 要以字母开头；
- 不能太长；
- 不能与 JavaScript 保留字(JavaScript 命令的字都是保留字)重复。

注意：(1)变量是区分大小写的。

(2)命名变量时,最好用能清楚表达该变量在程序中的作用的词语。

变量如果是由多个单词组成的,那么,提倡第一个单词用小写,其他单词的第一个字母用大写。这与 JavaScript 的一些命令的命名是一致的。

程序代码编写时,声明变量的格式如下：

var 变量名称［＝值］;

var 为保留字,用于声明局部变量。最简单的声明方法就是"var 变量名称;",这将为变量准备内存,给它赋初始值"null"。如果加上"＝值",则给变量赋予自定的初始值。

3. 注释

在程序代码编写过程中,经常要使用注释给程序员提供解释性信息,用于提高程序的可读性。像其他编程语言一样，JavaScript 的注释在运行时也是被忽略的。

JavaScript 注释有两种：
- 单行注释。用双反斜杠"//"来标记，后面文字为注释。
- 多行注释。用"/＊"和"＊/"括起来标记，标记之间可以是一行或多行文字。

> **提 示**
>
> 　　如果程序需要草稿，或者需要让别人阅读，注释能帮上大忙。养成及时添加注释的习惯，能节省你和其他程序员的宝贵时间，使他们不用花费额外的时间琢磨你的程序。在程序调试的时候，有时需要把一段代码换成另一段，或者暂时不用一段代码，这时最忌用 Delete 键，如果还需要那段代码怎么办？最好还是用注释，把暂时不要的代码"隐"去，到确定方法以后再删除也不迟。

4.隐藏代码

编写 JavaScript 代码时，可以考虑在不兼容的 Web 浏览器中把 JavaScript 代码隐藏起来。如果 HTML 文档包含嵌入 JavaScript 代码而不是调用一个外部.js 源代码文件，那么不兼容的 Web 浏览器就会把代码当作标准的文本显示出来。因此，为了预防遇到不兼容的浏览器，就应该将嵌入的 JavaScript 代码隐藏。具体做法是：把＜Script＞与＜/Script＞标签之间的某些代码段，使用 HTML 的注释以"＜！--"开始，以"--＞"结束，让所有位于注释标签之间的代码都不会被浏览器提交而显示，达到隐藏的目的。

2.2.2　JavaScript 的数据结构

JavaScript 语言同其他语言类似，有它自身的基本数据类型、表达式和算术运算符以及程序的基本结构。

1.基本数据类型

JavaScript 提供了四种基本的数据类型，用来处理数字和文字。这四种基本数据类型是：
- 数值（整数和实数）；
- 字符串型（用""或''括起来的字符或数值）；
- 布尔型（使用 true 或 false 表示）；
- 空值。

JavaScript 的基本数据类型中，数据可以是常量，也可以是变量。由于 JavaScript 采用弱类型的形式，因而存放数据的变量或常量不必首先进行声明，而是在使用或赋值时确定其数据的类型。当然也可以先声明该数据的类型，它是通过在赋值时自动说明其数据类型的。

整型常量。又称字面常量，它是不能改变的数据。该常量可以使用十六进制、八进制和十进制表示其值。

实型常量。是由整数部分加小数部分表示，如 12.32、193.98。可以使用科学计数法或标准方法表示：5E7、4e5 等。

字符型常量。使用单引号（'）或双引号（"）括起来的一个或多个字符。如 "This is a book of JavaScript" "3245" "ewrt234234" 等。

布尔型。常用于判断,只有两个值可选:true(表"真")和 false(表"假")。true 和 false 是 JavaScript 的保留字。它们属于"常数"。

2.操作符

JavaScript 的操作符有赋值、比较、算术、位、逻辑、字符串和特殊操作符。下面描述操作符以及关于操作符优先级的一些信息。

JavaScript 所有操作符如表 2-1 所示。

表 2-1　　　　　　　　　　　　JavaScript 操作符

操作符分类	操作符	描述
算术操作符	+	(加法)将两个数相加
	++	(自增)将表示数值的变量加 1(可以返回新值或旧值)
	-	(求相反数,减法)作为求相反数操作符时返回参数的相反数;作为二进制操作符时,将两个数相减
	--	(自减)将表示数值的变量减 1(可以返回新值或旧值)
	*	(乘法)将两个数相乘
	/	(除法)将两个数相除
	%	(求余)求两个数相除的余数
字符串操作符	+	(字符串加法)连接两个字符串
	+=	连接两个字符串,并将结果赋给第一个字符串
逻辑操作符	&&	(逻辑与)如果两个操作数都是真,则返回真。否则返回假
	||	(逻辑或)如果两个操作数都是假,则返回假。否则返回真
	!	(逻辑非)如果其单一操作数为真,则返回假。否则返回真
位操作符	&	(按位与)如果两个操作数对应位都是 1,则在该位返回 1
	^	(按位异或)如果两个操作数对应位只有一个 1,则在该位返回 1
	|	(按位或)如果两个操作数对应位都是 0,则在该位返回 0
	~	(求反)反转操作数的每一位
	<<	(左移)将第一操作数的二进制形式的每一位向左移位,所移位的数目由第二操作数指定。右边的空位补零,忽略左边被移出的位(因算数左移和逻辑左移结果一样,故统称为左移)
	>>	(算术右移)将第一操作数的二进制形式的每一位向右移位,所移位的数目由第二操作数指定。空出的最高位补原来的符号位,忽略右边被移出的位
	>>>	(逻辑右移)将第一操作数的二进制形式的每一位向右移位,所移位的数目由第二操作数指定。忽略被移出的位,左边的空位补零
赋值操作符	=	将第二操作数的值赋给第一操作数
	+=	将两个数相加,并将和赋给第一个数
	-=	将两个数相减,并将差赋给第一个数
	*=	将两个数相乘,并将积赋给第一个数
	/=	将两个数相除,并将商赋给第一个数
	%=	计算两个数相除的余数,并将余数赋给第一个数
	&=	执行按位与,并将结果赋给第一个操作数
	^=	执行按位异或,并将结果赋给第一个操作数
	|=	执行按位或,并将结果赋给第一个操作数
	<<=	执行算术左移,并将结果赋给第一个操作数
	>>=	执行算术右移,并将结果赋给第一个操作数
	>>>=	执行逻辑右移,并将结果赋给第一个操作数

(续表)

操作符分类	操作符	描述
比较操作符	==	如果操作数相等,则返回真
	!=	如果操作数不相等,则返回真
	>	如果左操作数大于右操作数,则返回真
	>=	如果左操作数大于等于右操作数,则返回真
	<	如果左操作数小于右操作数,则返回真
	<=	如果左操作数小于等于右操作数,则返回真
特殊操作符	?:	执行一个简单的"if...else"语句
	,	计算两个表达式,返回第二个表达式的值
	delete	允许删除一个对象的属性或数组中指定的元素
	new	允许创建一个用户自定义对象类型或内建对象类型的实例
	this	可用于引用当前对象的关键字
	typeof	返回一个字符串,表明未计算的操作数的类型
	void	该操作符指定了要计算一个表达式,但不返回值

(1)赋值操作符

赋值操作符会根据其右操作数的值给左操作数赋值。

最基本的赋值操作符是等号(=),它会将右操作数的值直接赋给左操作数。也就是说,x=y 将把 y 的值赋给 x。其他的赋值操作符都是标准操作的缩略形式,列在表 2-2 中。

表 2-2   赋值操作符

缩写操作符	含义
x+=y	x=x+y
x-=y	x=x-y
x*=y	x=x*y
x/=y	x=x/y
x%=y	x=x%y
x<<=y	x=x<<y
x>>=y	x=x>>y
x>>>=y	x=x>>>y
x&=y	x=x&y
x^=y	x=x^y
x|=y	x=x|y

(2)比较操作符

所谓比较操作符,就是会比较其两边的操作数,并根据比较结果为真或假返回逻辑值。操作数可以是数值或字符串值。如果使用字符串值的话,比较是基于标准的字典顺序。

相关内容列在表 2-3 中。对于该表中的示例,我们假定 var1 被赋予值 3,而 var2 被赋予值 4。

表 2-3　　　　　　　　　　　　　比较操作符

操作符	描　　述	返回真的例子
＝＝（相等）	如果操作数相等,则返回真	3＝＝var1
！＝（不等）	如果操作数不等,则返回真	var1！＝4
＞（大于）	如果左操作数大于右操作数,则返回真	var2＞var1
＞＝（大于或等于）	如果左操作数大于等于右操作数,则返回真	var2＞＝var1 var1＞＝3
＜（小于）	如果左操作数小于右操作数,则返回真	var1＜var2
＜＝（小于或等于）	如果左操作数小于等于右操作数,则返回真	var1＜＝var2 var2＜＝5

（3）算术操作符

将给定数值（常量或变量）进行特定的计算,并返回一个数值。

标准的算术操作是加（＋）、减（－）、乘（＊）、除（/）四则运算。这些操作符与在其他编程语言中的作用一样。

％（取余）

取余操作符用法如下：

var1 ％ var2

取余运算符将返回第一个操作数除以第二个操作数的余数。对于上面的例子来说,将返回 var1 变量除以 var2 变量的余数。更具体的例子是,12 ％ 5 将返回 2。

＋＋（自增）

自增操作符用法如下：

var＋＋或＋＋var

该自增操作符将自增操作数（自己加上 1）并返回一个值。如果写在变量后面（如 x＋＋）,将返回自增前的值。如果写在变量前面（如 ＋＋x）,将返回自增后的值。

例如,如果 x 是 3,那么语句 y＝x＋＋将先将 y 赋值 3,再将 x 自增为 4。相反,语句 y＝＋＋x 将先将 x 自增为 4,再将 y 赋值 4。

－－（自减）

自减操作符用法如下：

var－－ 或 －－var

该自减操作符将自减操作数（自己减去 1）并返回一个值。如果写在变量后面（如 x－－）,将返回自减前的值。如果写在变量前面（如 －－x）,将返回自减后的值。

例如,如果 x 是 3,那么语句 y＝x－－ 将先将 y 赋值 3,再将 x 自减为 2。相反,语句 y＝－－x 将先将 x 自减为 2,再将 y 赋值 2。

－（求相反数）

求相反数操作将取得操作数的相反数。例如,y＝－x 将把 x 相反数的值赋给 y；也就是说,如果 x 是 3,y 就会获得 －3,而 x 还是 3。

（4）位操作符

执行位操作时,操作符会将操作数看作一串二进制数(1 和 0),而不是十进制、十六进制或八进制数字。例如,十进制的 9 就是二进制的 1001。位操作符在执行的时候会以二进制形式进行操作,但返回的值仍是标准的 JavaScript 数值。JavaScript 位操作符总览如表 2-4 所示。

表 2-4　　　　　　　　　　　　　　位操作符

操作符	用法	描述
&（按位与）	a & b	如果两个操作数对应位都是 1,则在该位返回 1
|（按位或）	a | b	如果两个操作数对应位都是 0,则在该位返回 0
^（按位异或）	a ^ b	如果两个操作数对应位只有一个 1,则在该位返回 1
~（求反）	~ a	反转操作数的每一位
<<（左移）	a<<b	将 a 的二进制形式左移 b 位。右边的空位补零
>>（算术右移）	a >> b	将 a 的二进制形式右移 b 位。忽略右边被移出的位
>>>（逻辑右移）	a >>> b	将 a 的二进制形式右移 b 位。忽略被移出的位,左侧补入 0

- 位逻辑操作符

从原理上讲,位逻辑操作符的工作流程是:将操作数转换为 32 位的整型数值并用二进制表示。

第一操作数的每一位与第二操作数的对应位配对:第一位对第一位,第二位对第二位,以此类推。

对每一对位应用操作符,最终结果按位组合起来。

例如:9 的二进制表示为 1001,15 的二进制表示为 1111。所以如果对这两个数应用位逻辑操作符,结果应该是:

15 & 9 结果为 9(1111 & 1001＝1001)

15 | 9 为 15(1111 | 1001＝1111)

15 ^ 9 为 6(1111 ^ 1001＝0110)

- 移位操作符

移位操作符需要两个操作数:第一个是要进行移位的数值,第二个指定要对第一个数移位的数目。移位的方向由使用的操作符决定。

移位操作符将把两个操作符转换为 32 位整型数值,并返回与左操作数类型相同的结果。

<<（左移）

该操作符将把第一个操作数向左移若干位。移出的位将被忽略。右侧空位补零。

例如,9<<2 结果为 36,因为 1001 向左移两位变成 100100,这是 36。

>>（算术右移）

该操作符将把第一个操作数向右移若干位。移出的位将被忽略。左侧的空位补上与原来最左面位相同的值。

例如,9>>2 结果为 2,因为 1001 右移两位变成 10,这是 2。反之,－9>>2 结果为 －3,因为要考虑到符号位。

\>\>\>（逻辑右移）

该操作符将把第一个操作数向右移若干位。移出的位将被忽略。左侧的空位补零。

例如，19\>\>\>2 结果为 4，因为 10011 右移两位变成 100，这是 4。对于非负数，算术右移和逻辑右移结果相同。

(5) 逻辑操作符

逻辑操作符用 boolean 值（布尔逻辑值）作为操作数，并返回 boolean 值。逻辑操作符描述如表 2-5 所示。

表 2-5　　　　　　　　　　　　逻辑操作符

操作符	用　法	描　述
与(&&)	expr1 && expr2	如果 expr1 为假则返回之，否则返回 expr2
或(||)	expr1 || expr2	如果 expr1 为真则返回之，否则返回 expr2
非(!)	! expr	如果 expr 为真则返回假，否则返回真

示例 2-5　逻辑操作符应用。

考虑下面的脚本程序代码段：

```
<script language="JavaScript1.2">
  v1="猫";
  v2="狗";
  v3=false;
  document.writeln("t && t 返回 "+(v1 && v2));
  document.writeln("f && t 返回 "+(v3 && v1));
  document.writeln("t && f 返回 "+(v1 && v3));
  document.writeln("f && f 返回 "+(v3 && (3==4)));
  document.writeln("t || t 返回 "+(v1 || v2));
  document.writeln("f || t 返回 "+(v3 || v1));
  document.writeln("t || f 返回 "+(v1 || v3));
  document.writeln("f || f 返回 "+(v3 ||(3==4)));
  document.writeln("! t 返回 "+(! v1));
  document.writeln("! f 返回 "+(! v3));
</script>
```

该段程序代码运行后，将显示下列内容：

t && t 返回 狗

f && t 返回 false

t && f 返回 false

f && f 返回 false

t || t 返回 猫

f || t 返回 猫

t || f 返回 猫

f ‖ f 返回 false	
！t 返回 false	
！f 返回 true	

简化计算：由于逻辑表达式是从左到右计算的，计算机自然不会真的将全部表达式都计算一遍，它会按照下面的规则简化计算：

false && 任何值都会被简化计算为 false。

true ‖ 任何值都会被简化计算为 true。

逻辑运算的简化原则保证逻辑运算本身总是正确的。

注意：如果使用了简化规则，那么被简化掉的表达式就不会进行计算，所以也就不会产生它应起的作用。

(6) 字符串操作符

除了比较操作符，可应用于字符串的操作符还有连接操作符"＋"，它会将两个字符串连接在一起，并返回连接的结果。例如，"my"+"string"将返回字符串"mystring"。

组合赋值操作符＋＝也可用于连接字符串。例如，如果变量 mystring 的值为"alpha"，表达式 mystring＋="bet" 将计算出"alphabet"并将其赋给 mystring。

(7) 特殊操作符

① ？:（条件操作符）

条件操作符是 JavaScript 所有操作符之中唯一需要三个操作数的。该操作符通常用于取代简单的 if 语句。

语法：

condition ? expr1 : expr2

参数说明：

condition　　　　　计算结果为 true 或 false 的表达式

expr1，expr2　　　任意类型值的表达式

描述：

如果 condition 为真，该操作符将返回 expr1 的值；否则返回 expr2 的值。

例如，要根据 isMember 变量的值显示不同的信息，可以使用此语句：

document.write("收费为 "+(isMember ? "＄2.00" : "＄10.00"))

② ,（逗号操作符）

逗号操作符非常简单，它会依次计算两个操作数并返回第二个操作数的值。

语法：

expr1，expr2

参数说明：

expr1，expr2　　　　任意表达式

描述：

想要在只能填入一个表达式的地方写入多个表达式时，使用逗号操作符。该操作符最常见的用途是在 for 语句中使用多个变量作为循环变量。

例如，假定 a 是一个 10×10 的二维数组，下面的代码将使用逗号操作符一次自增两个变量。结果是打印出该数组副对角线上的元素：

```
for(var i=0, j=10; i<=10; i++, j--)
    document.writeln("a["+i+","+j+"]="+a[i,j])
```

③delete 操作符

delete 操作符用于删除一个对象的属性或者数组中特定位置的元素。

语法：

delete objectName.property

delete objectName[index]

delete property

参数：

objectName   对象的名称

属性   已有的属性

index   一个整型数值，表明了要删除的元素在数组中的位置

第三种格式只在 with 语句中合法。如果删除成功，delete 操作符将把属性或元素设为 undefined(未定义)。delete 总是返回 undefined。

④new 操作符

new 操作符用于创建用户自定义对象类型，或者拥有构造函数的内建对象类型的实例。

语法：

objectName=new objectType(param1 [,param2] ...[,paramN])

参数：

objectName   新对象实例的名称

objectType   对象类型，它必须是一个定义对象类型的函数

param1,...,paramN 对象的属性值，这些属性是 objectType 函数的参数

创建一个用户自定义对象。创建需要两个步骤：

①通过一个函数定义一种对象类型。

②用 new 创建一个该对象的实例。

要定义一个对象类型，需要为该对象创建一个指定名称、属性和方法的函数。一个对象的属性可以是其他类型的对象。请参看下面的例子。

可以向已经定义的对象中添加属性。例如，car1.color="black" 将给 car1 添加一个名为 color 的属性，并给其赋值"black"。不过这对其他任何对象并没有什么作用。要给同一类型的所有对象都添加一个新的属性，就必须向 car 对象类型的定义中添加属性。

可以使用 function.prototype 属性，向先前定义的对象类型中添加属性。这将定义一个被所有由该函数创建的对象共享的属性，而不只是一个对象类型实例。下面的代码将为所有 car 类型的对象添加一个 color 属性，然后为对象 car1 的 color 属性赋值。更多信息，请参阅有关 prototype。

car.prototype.color=null

car1.color="black"

示例 2-6 创建一个 car 对象的实例 mycar。

对象类型和对象实例。假设想要创建一个汽车使用的对象类型。这个对象类型叫作

car，有属性 make、model 和 year。要完成这么多事情，需要编写如下的函数：

```
function car(make, model, year){
    this.make=make
    this.model=model
    this.year=year
}
```

现在就可以用下面的方法创建一个叫作 mycar 的对象了：

mycar=new car("Eagle", "Talon TSi", 1993)

该语句创建了 mycar 并将其属性赋了指定的值。也就是说，mycar.make 的值是字符串"Eagle"，mycar.year 是整型数 1993，等等。

使用 new 可以创建任意多个 car 对象。如，

kenscar=new car("Nissan", "300ZX", 1992)

示例 2-7 定义对象的属性。

对象属性就是另外一个对象。假设按照下面代码定义了一个叫作 person 的对象类型：

```
function person(name, age, sex){
    this.name=name
    this.age=age
    this.sex=sex
}
```

然后创建了两个新的 person 实例：

rand=new person("Rand McNally", 33, "M");
ken=new person("Ken Jones", 39, "M");

现在可以重写 car 的定义，以便包含一个 person 对象作为 owner 属性表明车主：

```
function car(make, model, year, owner){
    this.make=make;
    this.model=model;
    this.year=year;
    this.owner=owner;
}
```

要创建一个新对象的实例，可以使用下面的代码：

car1=new car("Eagle", "Talon TSi", 1993, rand);
car2=new car("Nissan", "300ZX", 1992, ken);

注意：我们在创建对象的时候并没有给出一个常量字符串或者一个整型值，而是传递了对象 rand 和 ken 作为 owner 的参数。要找出 car2 车主的名字的方法是：

car2.owner.name

⑤this 操作符

this 操作符用于引用当前对象，通常情况下，方法中的 this 指调用它的对象。

语法：

this[.propertyName]

假定有一个叫作 validate 的函数可以校验对象的 value 属性是否在指定的上下限之间：

```
function validate(obj, lowval, hival){
if((obj.value<lowval)||(obj.value > hival))
   alert("无效数据 e!");
}
```

可以在每个窗体元素的 onChange 事件句柄中调用 validate，只需按照下面的格式传递 this 作为参数就行了：

```
<B>请输入 18 到 99 之间的数值：</B>
<INPUT TYPE="text" NAME="age" SIZE=3 onChange="validate(this, 18, 99)">
```

⑥typeof 操作符

typeof 操作符用法格式如下：

typeof operand

typeof(operand)

typeof 操作符将返回一个字符串，表明待计算的 operand 操作数是什么类型的。operand 是一个要返回类型的字符串变量、关键字或者对象。圆括号可选。

假设定义了下面的变量：

```
var myFun=new Function("5+2");
var shape="round";
var size=1;
var today=new Date();
```

typeof 操作符将返回下面的值：

typeof myFun is object

typeof shape is string

typeof size is number

typeof today is object

typeof dontExist is undefined

对于关键字 true 和 null，typeof 操作符返回下面的结果：

typeof true is boolean

typeof null is object

对于数值或字符串，typeof 操作符返回下面的结果：

typeof 62 is number

typeof 'Hello world' is string

对于属性值，typeof 操作符返回属性所含值的类型：

typeof document.lastModified is string

typeof window.length is number

typeof Math.LN2 is number

对于方法和函数，typeof 操作符返回下面的结果：

typeof blur is function
typeof eval is function
typeof parseInt is function
typeof shape.split is function

对于预定义对象，typeof 操作符返回下面的结果：

typeof Date is function
typeof Function is function
typeof Math is function
typeof Option is function
typeof String is function

⑦void 操作符

void 操作符用法格式如下：

javascript:void(expression)

javascript:void expression

void 操作符指定要计算一个表达式，但是不返回值。expression 是一个要计算的 JavaScript 标准的表达式。表达式外侧的圆括号是可选的，但是写上去是一个好习惯。可以使用 void 操作符指定超级链接。表达式会被计算，但是不会在当前文档处装入任何内容。

下面的代码创建了一个超级链接，当用户单击以后不会发生任何事。当用户单击链接时，void(0)计算为 0，但在 JavaScript 上没有任何效果。

\<A Href="javascript:void(0)"\>单击此处什么也不会发生\</A\>

下面的代码创建了一个超级链接，用户单击时会提交表单。

\<A Href="javascript:void(document.form.submit())"\>单击此处提交表单\</A\>

3.表达式

与数学中的定义相似，表达式是指用运算符把常数和变量连接起来的代数式。一个表达式可以仅包含一个常数或一个变量。

编写程序代码中定义变量，是用来完成某种特定任务。编写完成任务的程序，就是对它们进行赋值、改变、计算等一系列操作，这一过程通常通过表达式来完成。可以说它是变量、常量、布尔及运算符的集合，因此表达式可以分为算术表述式、字符串表达式、赋值表达式以及布尔表达式等。

2.3　JavaScript 程序基本构成

JavaScript 脚本语言是通过控制语句、函数、对象、方法、属性等来实现编程。

2.3.1　JavaScript 程序设计

1.JavaScript 程序设计中用到的关键字

JavaScript 语句由关键字和相应的语法构成。这里先介绍用到的关键字，如表 2-6 所示。

表 2-6　　　　　　　　　　　　JavaScript 关键字

关键字	描　述
break	该语句用于结束当前的 while 或 for 循环,并将程序控制权交给循环后面的语句
continue	该语句用于中止 while 或 for 循环中一块语句的执行,并直接执行下一次循环
delete	删除一个对象的属性或数组中的一个元素
do...while	一直执行其中包含的语句,直到测试条件为假。内含语句至少被执行一次
export	允许一个签字的脚本向其他签字或未签字的脚本提供属性、函数和对象
for	该语句用于创建由三个可选表达式组成的循环,用分号隔开,外面包有圆括号,后面跟着一块将要在循环中执行的语句
for...in	该语句用于遍历一个对象的所有属性的特定变量。对于每个属性,JavaScript 都将执行特定的语句
function	该语句用于声明一个带有指定参数的 JavaScript 函数。可以接受的参数包括字符串、数值和对象
if...else	该语句用于在指定条件为真的情况下执行一段语句。如果条件为假的话,则可执行另外一段语句
import	允许脚本引入其他签字脚本已经导出的属性、函数和对象
labeled	提供一个表示符,和 break 或 continue 一起使用可标明程序应该继续执行的流程
return	该语句用于指定函数的返回值
switch	允许程序计算一个表达式,并试图将表达式的值与某个 case 标签匹配
var	该语句用于声明变量,可选赋初值
while	该语句用于创建一个计算某表达式的循环,如果该表达式为真的话,则持续执行一块语句
with	该语句用于为一段语句建立缺省的对象

2.程序控制

在任何一种语言编程中,程序控制是必需的。它能使得整个程序顺利按照一定的目的执行,最后达到目标,完成任务。下面学习 JavaScript 常用的程序控制结构及语句。

(1)if 条件语句

基本格式:

```
if(关系表述式)
  语句段 1;
  ……
else
  语句段 2;
  ……
```

功能:若关系表达式为 true,则执行语句段 1;否则执行语句段 2。

说明:if ... else 语句是 JavaScript 中最基本的控制语句,通过它可以改变语句的执行顺序。表达式中必须使用关系语句来实现判断,它是作为一个布尔值来估算的。它将零和非零的数分别转化成 false 和 true。若 if 后的语句有多行,则必须使用花括号将其括起来。

if 语句的嵌套：
if(布尔值)语句 1；
else if(布尔值)语句 2；
else if(布尔值)语句 3；
……
else 语句 4；

在这种情况下，每一级的布尔表述式都会被计算，若为真，则执行其相应的语句，否则执行 else 后的语句。

(2)for 循环语句

for 循环语句的作用是重复执行＜语句＞，直到＜循环条件＞为 false 为止。

基本格式：

for(初始化；条件；增量)
//初始化为：＜变量＞＝＜初始值＞
//条件为：循环条件
//增量为：变量累加方法
语句集；

功能：实现条件循环，当条件成立时，执行语句集，否则跳出循环体。

说明：初始化告诉循环的开始位置，必须赋予变量的初值；条件，是用于判别循环停止时的条件。若条件满足，则执行循环体，否则跳出。增量，主要定义循环控制变量在每次循环时按什么方式变化。三个主要语句之间，必须使用分号分隔。

(3)while 循环

基本格式：

while(条件)
语句集；

该语句与 for 语句一样，当条件为真时，重复循环，否则退出循环。for 与 while 两种语句都是循环语句，使用 for 语句在处理有关数字时更易看懂，也较紧凑；而 while 循环对复杂的语句效果更好。

(4)break 和 continue 语句

有时候在循环体内，需要立即跳出循环或跳过循环体内其余代码而进行下一次循环。break 和 continue 可以帮助我们完成这项工作。

例如：

for(i＝1；i＜10；i＋＋){
　　if(i＝＝3 || i＝＝5 || i＝＝8)continue；
　　document.write(i)；
}

输出:124679

(5) switch 语句

如果要把某些数据分类,例如,要把学生的成绩按优、良、中、差分类,我们可能会先考虑使用 if 语句。

例如:

```
if(score>=0 && score<60){
    result="fail";
}
else if (score<80){
    result="pass";
}
else if (score<90){
    result="good";
}
else if (score<=100){
    result="excellent";
}
else {
    result="error";
}
```

看起来没有问题,但使用太多的 if 语句,程序看起来有些乱。而 switch 语句是解决这类问题的最好方法。

例如:

```
switch(e){
    case r1:(注意:冒号)
    ...
    [break;]
    case r2:
    ...
    [break;]
    ...
    [default:
    ...]
}
```

该段程序的作用是,计算 e 的值(e 为表达式),然后跟下边"case"后的 r1、r2……比较,当找到一个等于 e 的值时,就执行该"case"后的语句,直到遇到 break 语句或 switch 段落结束("}")。如果没有一个值与 e 匹配,那么就执行"default:"后边的语句,如果没有 default 块,switch 语句结束。

若将前面的 if 程序段改用 switch 语句,则应改写为:
```
switch(parseInt(score / 10)){   //其中 parseInt()方法后面将会介绍,作用是取整。
    case 0:
    case 1:
    case 2:
    case 3:
    case 4:
    case 5:result="fail";
        break;
    case 6:
    case 7:result="pass";
        break;
    case 8:result="good";
        break;
    case 9:result="excellent";
        break;
    default:
    if(score==100)
        result="excellent";
    else
        result="error";
}
```

2.3.2 函　数

函数为程序设计人员完成特定任务提供了方便。通常在进行复杂的程序设计时,总是根据所要完成的功能,将程序划分为一些相对独立的部分,每部分可以定义成为一个函数。各部分充分独立,任务单一,程序清晰,易懂、易读、易维护。JavaScript 函数可以封装那些在程序中可能要多次用到的模块,也可作为事件驱动的结果而调用的程序,从而实现函数与事件驱动相关联。这是与其他语言不一样的地方。

1.JavaScript 函数定义

```
function 函数名(参数,变元){
    函数体;
    return 表达式;
}
```

说明：当调用函数时，所用变量可作为变元传递。

函数由关键字 function 定义。

函数名：定义自己函数的名字。函数名对大小写是敏感的。

参数表是传递给函数使用或操作的值，其值可以是常量、变量或其他表达式。

通过指定函数名（实参）来调用一个函数。

必须使用 return 将值返回。

2.函数中的形式参数

在函数的定义中，常常看到函数名后有参数表，这些参数变量可能是一个或几个。那么怎样才能确定参数变量的个数呢？在 JavaScript 中可通过 arguments.length 来检查参数的个数。例：

```
function function_Name(exp1,exp2,exp3,exp4)
Number=function_Name.arguments.length;
if(Number>1)
document.write(exp2);
if(Number>2)
document.write(exp3);
if(Number>3)
document.write(exp4);
…
```

2.3.3 对象

虽然 JavaScript 语言是基于对象的，但它具有面向对象的特性。随着 JavaScript 在 Web 中应用的深入，程序代码编写时也经常用到面向对象编程。它可以根据需要创建自己的对象，从而进一步扩大 JavaScript 的应用范围，编写功能强大的 Web 文档。

在 JavaScript 程序编写过程中，使用的是对象的实例，而非对象本身。对象和对象实例的关系就好像人类与具体某个人的关系一样。

JavaScript 中的对象是由属性（properties）和方法（methods）两个基本元素构成的。前者是对象在实施其所需要行为的过程中，实现信息的装载单位与变量相关联；后者是指对象能够按照设计者意图而被执行的行为，与特定的函数关联。

在编程中要真正地使用对象，可采用以下几种方式：

• 引用 JavaScript 内置对象；

• 引用浏览器环境中提供的对象；

• 创建新对象。

这就是说一个对象在被引用之前，这个对象必须存在，否则引用将毫无意义，会出现错误信息。

1. JavaScript 内置对象属性和方法

（1）内置 String 对象

String 对象是 JavaScript 的核心对象之一。

创建一个 String 对象：

  var stringname="This defines a string object.";

  或 var stringname=new String("This defines a string object.");

String 对象的属性：length 和 prototype。

例如：

  stringname.length;//给出字符串 stringname 中字符的个数

而 prototype 属性则是用来增加属性和方法。

String 对象的主要方法：

charAt(index)：返回一个 String 对象中由 index(整数字符最左为 0)指定位置的字符。

indexOf()：其一用法 indexOf(character)返回要查找字符在字符串中的位置；其二用法 indexOf(character,num)从标号 num 开始查找。

lastIndexOf()：从字符串的右侧开始查找特定字符在字符串中的位置。

substring(startNum,endNum)：返回两个标号之间的字符串。

toString()方法：返回字符串的值。

valueOf()方法：与 toString()方法功能相同。

toLowerCase()：将字符串里的所有字母改成小写。

toUpperCase()：将字符串里的所有字母改成大写。

contact()：把两个字符串合并到一起。

（2）Array 数组对象

在 JavaScript 中没有数组这个数据类型,数组功能是通过使用数组对象来实现。Array 这个内置对象用来创建一个数组并实现对数组的管理。

声明一个数组有三种方法：

①var arrayname=new Array();//定义一个长度不确定的数组,然后定义一个确定的数组元素 arrayname[9]="";此时告诉程序数组元素截止于 arrayname[9]。这样定义的好处是可以随时动态修改数组长度,需要时再定义更大下标的数组元素,如 arrayname[20]="abc"。

②var arrayname=new Array(10);//定义一个固定长度的数组,然后再定义具体的数组元素值。

③var animal=new Array("tiger","monkey","horse");

//创建数组对象的同时对每一个数组元素赋值。即 animal[0]="tiger";等等。

Array 数组对象的主要属性和方法：

length 属性,用于获取和修改数组元素的个数。如 i=arrayname.length; arrayname.length=3;等等。

contcat 方法,将传送的参数值增加到当前数组的后面。

（3）日期时间 Date()对象

该内置对象用于创建一个日期时间对象实例,显示相关信息。例如：

var newDate=new Date();
Date 对象方法：
getFullYear()，获得当前的年份；
getMonth()，获得当前的月份；
getDate()，获得当前日期为几号；
getHours()，获得当前的小时数；
getMinutes()，获得当前的分钟数；
getSeconds()，获得当前的秒数。
将上面的 get 改为 set，则为设置当前的日期与时间方法。
(4)数学对象 Math
数学对象也是内置对象，其调用方式如下：
Math.数学函数名称(参数)
主要函数：
sin(a)，求 a 的正弦值；
cos(a)，求 a 的余弦值；
tan(a)，求 a 的正切值；
asin(a)，求 a 的反正弦值；
exp(a)，求 a 的指数值；
round(a)，对 a 进行四舍五入运算；
sqrt(a)，求 a 的平方根；
abs(a)，求 a 的绝对值；
random()，取随机数；
max(a,b)，取 a 和 b 中的较大数；
min(a,b)，取 a 和 b 中的较小数。
2. 浏览器环境提供对象
(1)document 对象
document 对象是文档对象模型 DOM，属于 JavaScript 客户端扩展部分，由浏览器环境提供。当用户在浏览器中打开一个页面时，浏览器就会自动创建一些对象。例如 window 对象、document 对象、location 对象、navigator 对象和 history 对象等。其中 window 对象的层次最高，是其余对象的父对象。
document 对象属性：
title：文档标题。document.title="Welcome";
lastModified：文档最后修改时间。
URL：文档对应的页面地址。
cookie：创建和获得信息 Cookie。
bgColor：文档背景色。
fgColor：文档前景色。
location：保存文档所有的页面地址信息。
alinkColor：激活链接的颜色。

linkColor：链接的颜色。

vlinkColor：已浏览过的链接颜色。

document 对象方法：

write(text)：向页面内写文本(不换行)。

writeln(text)：向页面内写文本(换行)。

open()：打开当前文档,允许写入数据流。

close()：关闭当前文档。

通常在使用 write()方法写入信息时,省略 open()、close()两个方法。

(2) location 对象

该对象包含前网页的 URL 地址。使用它可以对地址进行分析,并能够将浏览器导航到指定地址。

完整的 URL 地址为：

协议名称://主机名称:端口号/页面路径#页面内锚标？搜索信息

例如：http://www.myweb.com:80/welcome/index.htm#section3,运用该对象能够分析这个地址的各个组成部分。

location 对象属性：

protocol：通信采用的协议。

host：页面所在服务器的主机名。

port：服务器通信的端口号。

pathname：页面在服务器上的路径。

hash：页面中有页面内跳转的锚标信息。

search：提交到服务器上进行搜索的信息。

hostname：记录主机名称和端口号,中间用"："分开。

href：完整的 URL 地址。

location 对象方法：

assign(URL)：将页面导航到另外一个地址上去。location.assign("http://www.myweb.com/index.htm")

reload()：将页面全部刷新。

replace(URL)：使用指定 URL 代替当前页面。

(3) window 对象

window 对象在 JavaScript 浏览器对象中位于最高层,具有唯一性。而其他浏览器对象都是它的子对象。只要浏览器窗口打开,就会建立 window 对象。

一般情况下,所有脚本操作都是假设在当前窗口中进行的,所以在调用 window 对象的方法和引用其属性时,可以省略其对象名称的引用。

例如：

  window.alert();//调用警告提示窗口

可以简写为：

  alert();

window.document.write()也可以简写为 document.write()。

window 对象属性：

defaultStatus 和 status，前者是在浏览器窗口下面的状态栏中缺省显示的信息，后者的属性值是状态栏中当前显示的信息。

window 对象方法：

open(网页地址，窗口名称，窗口风格)，可以打开一个新窗口并且指定其风格。包括是否带有工具栏、地址栏、目录按钮栏、状态栏、菜单栏和滚动条等，通过设置 yes 或 no 来确定。

例如：

var myWindow＝window.open("hello.htm",null,"height＝400,width＝400,toolbar＝yes,location＝yes,directories＝yes,status＝no,menubar＝no,scroolbars＝no")；

close() //关闭一个窗口

例如：

myWindow.close();//关闭标记为 myWindow 的浏览器窗口

alert(字符串)，弹出一个警告提示框窗口，内容为其中的字符串。

例如：

alert("新年好!!");//在警告提示窗口显示"新年好!!"

confirm(字符串)，弹出一个确认框，信息为其中的字符串。该方法执行后返回一个布尔值，被确认，返回 true，被取消，返回 false。

例如：

if(confirm("Are you sure to commit?")){
　　//完成提交确认的操作语句
}

prompt(字符串)，弹出一个输入框，其提示信息是括号中的字符串。如果用户修改文本框内的文本后单击确定，则返回所输入的字符串，如果单击取消，会返回 null。

例如：

var wordName＝prompt("Please input your name:","Tom");

（4）IE 浏览器中的 event 对象及其各种属性

在该浏览器中 JavaScript 提供了一个 event 对象，通过它可以对页面上所发生的鼠标和键盘事件进行处理。例如，应用中可以通过 JavaScript 的 event 对象编程，获得鼠标指针的坐标值。

event 对象常用属性包括：

clientX，其值为一个整数。鼠标位置相对于页面左上角的横坐标；

clientY，其值为一个整数。鼠标位置相对于页面左上角的纵坐标；

screenX，其值为一个整数。鼠标位置相对于浏览器整个屏幕左上角的横坐标；

screenY，其值为一个整数。鼠标位置相对于浏览器整个屏幕左上角的纵坐标；

button，其值为整数 1 或 2。当用户单击鼠标后，若该属性值为 1，表示单击了左键；若为 2，则单击了右键；

keyCode，其值是一个字符的 ASCII 码。在浏览器中用户按下键盘上某键后，该属性值即为相应的 ASCII 码。
例如：
xpos=event.clientX；//获取鼠标光标的 x 坐标
ypos=event.clientY；//获取鼠标光标的 y 坐标

在 JavaScript 中，对象事件的处理通常由函数(function)完成。其语法格式与函数完全一样，可以将前面所介绍的所有函数作为事件处理程序。

格式如下：
```
function 事件处理名(参数表){
    事件处理语句集；
    ……
}
```

事件驱动。JavaScript 事件驱动中的事件是通过鼠标或热键的动作引发的。它主要有以下几个事件：
- 单击事件 onClick
- 改变事件 onChange
- 选中事件 onSelect
- 获得焦点事件 onFocus
- 失去焦点事件 onBlur
- 载入文件事件 onLoad
- 卸载文件事件 onUnload

单击事件 onClick。当用户单击鼠标按钮时，产生 onClick 事件。同时 onClick 指定的事件处理程序或代码将被调用执行。通常在下列基本对象中产生：
- button(按钮对象)
- checkbox(复选框)
- radio(单选钮)
- reset button(重置按钮)
- submit button(提交按钮)

例如：可通过下列按钮激活 change()文件：
```
<Form>
<Input type="button" Value=" " onClick="change()">
</Form>
```

在 onClick 等号后，可以使用自己编写的函数作为事件处理程序，也可以使用 JavaScript 中的内部函数，还可以直接使用 JavaScript 的代码等。例：
```
<Input type="button" value=" " onClick=alert("这是一个例子")>
```

改变事件 onChange。当利用 text 或 textarea 元素输入的字符值改变时引发该事件，同时，当 select 表格项中一个选项状态被改变时也会引发该事件。

例如：
```
<Form>
<Input type="text" name="Test" value="Test" onChange="check(this.Test)">
</Form>
```

选中事件 onSelect。当 text 或 textarea 对象中的文字被加亮时,引发该事件。

获得焦点事件 onFocus。当用户单击 text 或 textarea 以及 select 对象时,引发该事件。此时该对象成为前台对象。

失去焦点事件 onBlur。当 text 或 textarea 以及 select 对象不再拥有焦点而退到后台时,引发该文件,它与 onFocus 事件是一种对应的关系。

载入文件事件 onLoad。当文档载入时,产生该事件。onLoad 的作用就是在首次载入一个文档时检测 cookie 的值,并用一个变量为其赋值,使它可以被源代码使用。

卸载文件事件 onUnload。当 Web 页面退出时引发 onUnload 事件,并可更新 Cookie 的状态。

示例 2-8　一个自动装载和自动卸载的例子。

当装入 HTML 文档时调用 loadform()函数,而退出该文档进入另一 HTML 文档时,则首先调用 unloadform()函数,确认后方可进入。

```
<html>
<head>
<script Language="JavaScript">
<!--
function loadform(){
    alert("这是一个自动装载例子!");
}
function unloadform(){
    alert("这是一个卸载例子!");
}
//-->
</script>
</head>
<Body onLoad="loadform()" onUnload="unloadform()">
<a href="test.htm">调用</a>
</body>
</html>
```

2.4　JavaScript 面向对象编程

JavaScript 支持面向对象的编程,在面向对象的编程思想中,最核心的概念之一就是类。虽然 JavaScript 中没有类的概念,但它可以通过使用定义函数的方式模仿定义类。

2.4.1 函数与对象

1. 用定义函数的方式定义类

类,代表了具有相似性质的一类事物的抽象集合,通过实例化类来获得该类的一个实例,就是对象。通过对具体对象进行某种操作,就可以进行编程设计了。

定义类的方法:

```
function class1(){
    //类成员的定义及构造函数部分
}
```

class1 既是一个函数,也是一个类。可以理解为类的构造函数,用于初始化。

抛开类的概念,从代码形式上看,class1 就是一个函数。

强调

在 JavaScript 中,函数和类有相似的格式或形式。

使用 new 操作符,获得一个类的实例。

new 操作符,不仅对 JavaScript 的内部对象有效,同样可以用于自定义的类来获取一个实例。

例如:

```
var obj1=new class1();//获得 class1 的实例,即一个对象 obj1
```

同样可以对函数进行相同的操作,也可以获得一个对象。

使用点格式和方括号格式引用对象的属性和方法。

每个对象可以看作是属性和方法的集合。那么,引用一个对象可以是:

- 对象名.属性或方法名
- 对象名["属性或方法名"]

例如:

```
var arr=new Array();  //获取一个数组对象实例
arr.push("abc");  //为数组添加一个元素,push()为 Array()的方法
var len=arr.length;  //获得数组的长度,length 是 Array()的属性
alert(len);  //输出数组的长度
```

或者

```
var arr=new Array();
arr["push"]("abc");
var len=arr["length"];
alert(len);
```

这种引用的方式和数组类似,体现了对象就是一组属性和方法的集合。

示例 2-9 使用了方括号格式实现调用。

```
<script language="javascript" type="text/javascript">
//定义一个类 User 并包括成员 age 和 sex,指定初始值
function User(){
    this.age=21;
    this.sex="male";
}
var user=new User(); //创建一个对象 User
//根据下列列表选项显示用户信息
function show(slt){
    if(slt.selectedIndex!=0){
        alert(user[slt.value]); //根据属性选项显示其值,使用了方括号格式调用
        /* 若使用点格式,则用 if(slt.value="age") alert(user.age);
                        if(slt.value="sex") alert(user.sex);
        */
    }
}
</script>
//创建下列列表框用于选择并显示信息
<select onChange="show(this)">
    <option> 请选择需要查看的信息</option>
    <option value="age">年龄</option> //属性选项可以是二者之一
    <option value="sex">性别</option>
</select>
```

2.动态添加、修改和删除对象属性和方法

在其他语言中,对象一旦生成就不可更改。要为对象添加、修改成员必须在对应的类中进行修改,并要重新实例化,程序也必须重新编译。但是,在 JavaScript 中提供了灵活的机制来修改对象的行为,允许动态地添加、修改和删除属性和方法。

例如:用类 Object 创建一个空对象 user,然后修改其行为。

(1)添加属性

```
var user=new Object(); //创建一个没有属性和方法的空对象
user.name="jack"; //添加属性 name
user.age=21; //添加属性 age
user.sex="male"
```

若输出结果,可用 alert(user.name)等语句进行显示。

(2)添加方法

针对前面的空对象 user,添加一个方法 alert():

```
user.alert=function(){
    alert("my name is:"+this.name);
}
```
调用：user.alert()；//可以显示其名字为 jack。

(3) 修改属性或方法

修改就是用新属性替换旧属性。

例如：
```
user.name="tom";
user.alert=function(){
    alert("hello,"+this.name); //这时的方法中，name 属性已经替换为 tom
}
```
若用弹出的对话框显示其内容，user.alert()值为"hello,tom"。

(4) 删除属性和方法

其实，删除属性和方法就是将其值定义为 undefined，即
```
user.name=undefined;
user.alert=undefined;
```

从前面的讨论可以看出，JavaScript 中的每个对象都是动态可变的。这给编程带来了极大方便和灵活性，也是和其他语言的区别。

3. 使用大括号语法创建无类型对象

在完全面向对象语言中，每个对象都会对应一个类。但是，在 JavaScript 中的对象，其实就是属性和方法的一个集合，并非严格的类概念。因此，它提供了一种简单的方式来创建对象，即使用大括号。

其语法为：
```
{
    property1:statement,
    property2:statement2,
    ...,
    propertyN:statementN
}
```

这里通过使用大括号，使多个属性或方法成为一个组，实现对象的定义。

示例 2-10 使用大括号语法创建一个对象。

```
<script language="javascript" type="text/javascript">
var obj={}; //定义一个空对象，等同于 var obj=new Object();
var user={
    name:"jack", //定义 name 属性并赋初值
    favoriteColor:["red","green","black"], //定义了颜色数组
    hello: function(){ //定义方法
        alert("hello,"+this.name);
```

```
        },
    sex:"male"
}
user.hello();    //调用方法
</script>
```

4.prototype 原型对象

每个函数其实也是一个对象，它们对应的类是 function。它们具有特殊的身份，每个函数对象都具有一个子对象 prototype，即 prototype 表示了该函数的原型。而函数也是类，prototype 就是表示了一个类的成员集合。

既然 prototype 是一个对象，也可以动态地对其属性和方法进行修改。

例如：

```
function class1(){
    //空函数
}
class1.prototype.method=function(){    //增加方法
    alert("it's a test method");
}
var obj1=new class1();
obj1.method;    //调用对象的方法
```

2.4.2　JavaScript 中函数的深入认识

JavaScript 中的函数不同于其他语言，每个函数都是作为一个对象被维护和运行的。通过函数对象的性质，就可以将一个函数赋值给一个变量或将函数作为参数转递。

一般调用或使用函数的语法为：

```
function func1(...)(...);
var func2=function(...)(...);
var func3=function func4(...)(...);
var func5=new function();
```

这些都是 JavaScript 中声明函数的正确语法。

1.认识函数对象

在 JavaScript 中，函数可以用关键字 function 来定义，并为每个函数指定一个函数名，通过函数名进行调用。在网页中解释执行时，函数都被维护为一个对象。这就是 JavaScript 中函数的特殊之处。

函数对象与用户自定义的对象有着本质的区别，函数对象被称为内部对象。这些内部对象的构造器是由 JavaScript 本身定义的，它们执行类似于 new Array()这样的语句返回一个对象。JavaScript 内部有一套机制来初始化返回的对象，而不是由用户来指定对象的构造方式。

例如：
```
var myArray=[ ];//创建一个数组。等价于 var myArray=new Array();
function myFunction(a,b){ //创建一个函数
    return a+b;
} //等价于 var myFunction=new function("a","b","return a+b");
```

前一种函数声明形式，在解释器内部会自动构造一个 function 对象，将函数作为一个内部对象来存储和运行。从这里可以看到，一个函数对象名称和一个普通变量名称具有同样的规范要求。可以通过变量名来引用这个变量，但是函数变量名后面可以跟上括号和参数列表来进行函数调用。对于后一种形式创建一个函数不常用，因为函数内会有多行语句，用起来不方便。在具体编程使用时有一点区别：对于有名函数可以出现在调用之后再定义，而对于无名函数必须是在调用之前就已经定义好。

2.函数的 apply、call 方法和 length 属性

JavaScript 语言中，为函数对象定义了两个方法 apply 和 call，它们的作用都是将函数绑定到另一个对象上去运行，两者仅在定义参数的方式上有所区别。即

```
function.prototype.apply(thisArg,argArray);
function.prototype.call(thisArg[,arg1[,arg2...]]);
```

从函数原型可以看出，第一个参数都是 thisArg，即所有函数内部的 this 指针都会被赋值为 thisArg，这就实现了将函数作为另一个对象的方法运行的目的。两个方法除了 thisArg 参数，都是为 function 对象传递的参数。

例如：
```
function func1(){ //定义函数有 p 属性和 A 方法
    this.p="func1-";
    this.A=function(arg){
        alert(this.p+arg);
    }
}
function func2(){ //定义函数有 p 属性和 B 方法
    this.p="func2-";
    this.B=function(arg){
        alert(this.p+arg);
    }
}
var obj1=new func1();
var obj2=new func2();
obj1.A("byA"); //显示 func1-byA
obj2.B("byB"); //显示 func2-byB
obj1.A.apply(obj2,["byA"]); //显示 func2-byA，其中["byA"]是仅有一个元素的数组
obj2.B.apply(obj1,["byB"]); //显示 func1-byB，其中["byB"]是仅有一个元素的数组
```

```
obj1.A.call(obj2,"byA"); //显示 func2-byA,其中["byA"]是仅有一个元素的数组
obj2.B.call(obj1,"byB"); //显示 func1-byB,其中["byB"]是仅有一个元素的数组
```

可以看出,obj1 的方法 A 被绑定到 obj2 运行后,整个函数 A 的运行环境就转移到了 obj2,即指针 this 指向了 obj2。代码的后 4 行显示了两种方法传递参数的区别。

与函数 arguments 的 length 属性不同,函数对象还有一个属性 length,表示函数定义时所指定参数的个数,而非调用时实际传递的参数个数。

第 3 章　对象应用

本章将通过学习几个常见对象的应用，掌握对象的使用方法，以便打下足够基础去学习后面的内容。这里主要涉及六个对象，分别是三个内置对象：日期时间对象 Date、字符串对象 String、数组对象 Array；三个扩展对象：浏览器文档对象 document 及其子对象图片对象 Image 和 Style 对象。

3.1　日期时间对象

3.1.1　显示当前星期

1. 实例效果

在网页中显示当前是星期几。如图 3.1 所示。

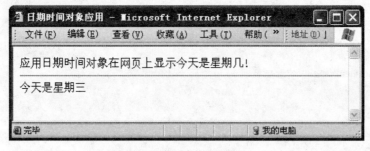

图 3.1　显示当前是星期几

2. 任务要求

在网页中显示文字"应用日期时间对象在网页上显示今天是星期几!"，然后下面是一条水平线，再下一行显示"今天是星期×"。

3. 程序设计思路

在设计与时间和日期有关的网页内容时，一定要用到 Date 对象。使用对象就要先创建一个实例，然后针对该实例使用该对象的方法和属性来获取或设置相应的数值。这里要使用 Date 对象的 getDay()方法,获取 0 到 6 中的一个整数,分别对应星期日到星期六。

4.技术要点

首先要创建 Date 对象的一个实例。例如:var Mydate=new Date();

然后,针对该实例使用 getDay()方法,即 Mydate.getDay();获取具体数值来确定今天是星期几。

最后将日期通过浏览器文档对象 document 的 write()方法,显示在网页上。

5.程序代码编写

给出 HTML 程序结构和 JavaScript 程序。

```
<html>
<head>
<title>日期时间对象应用</title>
</head>
<body>
应用日期时间对象在网页上显示今天是星期几!<br><hr>
<script language="JavaScript">
    var myDate=new Date();
    switch(myDate.getDay())
    {
    case 0:
        document.write("今天是星期日");
        break;
    case 1:
        document.write("今天是星期一");
        break;
    case 2:
        document.write("今天是星期二");
        break;
    case 3:
        document.write("今天是星期三");
        break;
    case 4:
        document.write("今天是星期四");
        break;
    case 5:
        document.write("今天是星期五");
        break;
    case 6:
        document.write("今天是星期六");
```

```
        break;
    }
</script>
</body>
</html>
```

6．编程技术拓展

拓展1：在程序结构中使用 if 语句，在内容显示区域显示：今天是星期日或星期一至星期六。

拓展2：在程序中使用 Array 对象，直接用星期日和星期一至星期六作为元素内容，用 write() 方法直接显示数组元素的内容。

讨论：在前面三种程序结构中，分析哪种最优。在程序执行中，并非只要求实现功能，数据结构最合理，执行效率最高的程序才是最好的程序。进一步理解三种语句结构，特别是要清楚数组对象的使用以及何时可以利用数组进行编程。

3.1.2 显示当前日期

1．实例效果

在网页中显示当前日期和星期。如图 3.2 所示。

图 3.2　显示当前日期和星期

2．任务要求

在网页中显示文字"应用数组对象在网页上显示今天的日期和星期！"，然后下面是一条水平线，再下一行显示：今天的日期和星期几。

3．程序设计思路

设计思路与上例类似，只是要用到 Date 对象的另外一些方法。包括获取年的方法 getFullYear()、获取月的方法 getMonth()、获取日的方法 getDate()。其中 getMonth() 获取的值是从 0 开始至 11，其中 0 对应 1 月……11 对应 12 月。

4．技术要点

显示日期的格式要求与前例不同。这里使用数组对象 Array() 定义日期，并用 document 对象显示出来。

5．程序代码编写

给出 HTML 程序结构和 JavaScript 程序。

```html
<html>
<head>
<title>数组对象应用</title>
<meta http-equiv="Content-Type" content="text/html; charset=gb2312">
<script language="JavaScript">
function Mydate()
{
    var myMonth = new Array("1月","2月","3月","4月","5月","6月","7月","8月","9月","10月","11月","12月");
    var myDay=new Array("星期日","星期一","星期二","星期三","星期四","星期五","星期六");
    today=new Date();
    myYear=today.getFullYear();
    myDate=today.getDate();
    if(document.all)
    document.write(myYear+"年"+myMonth[today.getMonth()]+myDate+"日"
    +myDay[today.getDay()]);
}
</script>
</head>
<body>
应用数组对象在页面上显示今天的日期和星期!<br><hr>
<table>
  <tr>
    <td>
    <script language="javascript">
        Mydate();
    </script>
    </td>
  </tr>
</table>
</body>
</html>
```

6.编程技术拓展

拓展1：在程序中不使用数组对象定义月份,而仿照年份的显示直接在 document.write() 方法中显示当前日期。

拓展2：程序中不使用数组对象定义星期,而改为简化的 if 语句格式,显示星期日或星期一至星期六。

3.2 字符串和图片对象

3.2.1 应用 String 对象截取特定文字

1.实例效果

在网页中显示用 String 对象截取的符合要求的文字。如图 3.3 所示。

图 3.3　用字符串对象方法显示特定文字

2.任务要求

利用 String 对象的 charAt() 和 substring() 方法,截取特定文字或字段文字显示在页面上。

3.程序设计思路

String 对象还有另外一些方法,包括查找字符串的方法 indexOf()、从右到左查找字符串的方法 lastIndexOf()。

4.技术要点

String 对象的常用方法:

charAt() 方法,用于返回指定位置处的字符,它包含查找字符位置参数 idx,其值为整数索引,0 对应从左开始数的第 1 个字符,n 对应第 $n+1$ 个字符。例如 s.charAt(n) 为查找第 $n+1$ 个位置上的字符。

indexOf() 方法,用于在字符串中查找指定字符串,并返回指定字符串在字符串中的起始位置。返回值为数字。若 0,即从第 1 个字符开始;返回值为 -1,为没有找到。该方法包含要查找的指定字符串 chr 参数,indexOf(chr)。例如 s.indexOf("work")。

lastIndexOf() 方法,与 indexOf() 类似,只是查找方向为从右到左。该方法包含要查找的指定字符串 chr 参量,lastIndex(chr)。返回值同 indexOf()。

substring() 方法,用于从字符串中截取指定位置之间的子字符串。它包含指定子字符串位置的两个参数,起始位置数字 startIdx 和结束位置数字 endIdx。返回值为 endIdx 位置之前的字符串。

String 对象的属性 length,用于确定字符串的长度。例如 s.length 为字符串对象实例 s 的字符个数。

5.程序代码编写

```html
<html>
<head>
<meta http-equiv="Content-Type" content="text/html; charset=gb2312">
<title>字符串对象应用实例</title>
<script language="JavaScript">
<!--
function CheckSpace(string)
{
    var index,len
    while(true)
    {
        index=string.indexOf(" ");
        //如果没有空格,就终止
        if(index==-1)
        break;
        //求出字符串的长度
        len=string.length;
        //删去空格
        string=string.substring(0,index)+string.substring((index+1),len);
    }
    return string
}
-->
</script>
</head>

<body>
<script language="JavaScript">
<!--
    var s1=new String("I love China!");
    document.write("<h1>[1]"+s1.charAt(7)+"<br>");

    var s2=new String("中国的首都是北京");
    document.write("[2]"+s2.charAt(4)+"<br>");

    var s3=new String("I love China!");
```

```
            document.write("[3]"+s3.substring(1,6)+"<br>");
            document.write("[4]"+"中国的首都是北京".substring(0,5)+"<br>");
            document.write("[5]"+"I love China!".substring(4)+"<br>");
            document.write("[6]"+"I love China!".substring(5,2)+"<br>");
            document.write("<h1>");

            var str=""
            str+=CheckSpace("I am a student.")+"\n";
            str+=CheckSpace("成了一名奥运志愿者!");
            alert(str);
        -->
        </script>
    </body>
</html>
```

3.2.2 应用image对象实现动画

1.实例效果

在网页中显示一个沙漏装置的动画。如图3.4所示。

图3.4 Image对象动画

2.任务要求

在页面中利用image对象技术显示一组图片,呈现gif动画的效果。本例中显示一个沙漏装置动画。

3.程序设计思路

动画设计方法之一,就是将一组具有连续动作画面的图片连续交替显示出来,其视觉效果就是动画。首先应该在页面中定义一个图片对象,用于显示图片。然后利用该图片对象,逐一显示一组连续的图片。

4.技术要点

图片信息可以保存在一个叫image的对象中,此对象包含了图片路径(URL)、图片当前的下载状态、图片的高度和宽度等信息。通常情况下会将此对象指向在 document.images 数组中存在的图片,也就是放在网页中的图片,但是有时候可能要处理一些不在网页中的图片对象,这时候 Image 对象就派上用场了。

当要实现图片交替显示效果的时候,提前将想要使用的图片下载到客户端,当用户触发事件,要换图片的时候,那个图片就已经在客户端了,会马上显示出来,否则再从服务器上下载,图片翻滚就有时间延迟了。而使用 image 对象可以做到提前下载图片,如下边的代码,使用 Image 对象的 src 属性,指定图片的路径(URL),将 images 目录下的图片 pic2.gif 下载到客户端:

```
var myImg=new Image();
myImg.src="images/pic2.gif";
```

这段代码告诉浏览器开始从服务器下载指定的图片,如果客户端的缓存(Cache)中有这个图片的话,浏览器会自动将其覆盖,当用户将鼠标移动到图片上边的时候,图片将会立即变换,不会有时间的延迟。

本程序使用了 image 对象预先下载图片的方法。注意:此例不能在 Internet Explorer 3.0 或更早的版本中使用,因为它们不支持。

(1)先定义 Image 对象实例,用于连接图片文件。将每个实例名称用特定数组来标识,以便后面易于用程序进行控制。即 var myImage=new Array(11); //定义 9 个元素的数组。然后定义 myImage[i]=new Image(); //使数组的每个元素对应 image 对象。

(2)指定每个 myImage[i]对象实例的属性 src 为图片文件名。

(3)设置图片交替显示的定时器 setTimeout(func,time_ms,[paras])方法。

5.程序代码编写

```
<html>
<head>
<title>应用 image 对象实现动画</title>
</head>
<script language="JavaScript">
    var myImage=new Array(10);
    for(i=0;i<11;i++)
        myImage[i]=new Image();
    myImage[0].src="pic/t0.jpg";
    myImage[1].src="pic/t1.jpg";
    myImage[2].src="pic/t2.jpg";
    myImage[3].src="pic/t3.jpg";
    myImage[4].src="pic/t4.jpg";
    myImage[5].src="pic/t5.jpg";
    myImage[6].src="pic/t6.jpg";
    myImage[7].src="pic/t7.jpg";
    myImage[8].src="pic/t8.jpg";
    myImage[9].src="pic/t9.jpg";
    myImage[10].src="pic/t10.jpg";
```

```
    var k=0;
    function changePIC(){
        document.mi1.src=myImage[k].src;
        k++;
        if(k==9)
            k=0;
        setTimeout(changePIC,200);
    }
</script>
<body>
<img name="mi1" src="pic/t0.jpg">
<script language="JavaScript">
    changePIC();
</script>
</body>
</html>
```

6.编程技术拓展

在程序中指定每一个 image 对象的 src 属性的语句,不使用每个图片单独定义的方法,而是使用 for 循环来定义,使得语句更加简化。

3.2.3 style 对象应用

1.实例效果

在网页中显示按钮动态改变网页属性,如图 3.5 所示。

图 3.5 style 对象属性改变

2.任务要求

用程序代码可以改变页面背景属性、表格属性等。进入网页后为页面指定背景图、背景属性和表格边框属性。通过鼠标单击七个按钮：背景图像滚动、背景图像静止、清除背景图像、添加背景图像、还原背景初始设置、改变表格边框属性和还原表格初始设置等，改变特定对象的相应属性。

3.程序设计思路

通过 JavaScript 编程实现对页面 style 对象进行控制，各个相应属性发生更改，在页面看到各种变化的特性。

4.制作要点

针对页面中特定 id，找到对应 style 对象的相应属性：表格的 borderLeft、borderRight，页面背景 background、backgroundImage、backgroundAttachment。

5.程序代码编写

```
<html>
<head>
<title>style 对象应用</title>
</head>
<script language="JavaScript">
    function changeTablePro(){
        MTB.style.borderLeft="solid red 2px";
        MTB.style.borderRight="solid red 2px";
        MTD1.style.borderLeft="solid blue 2px";
        MTD1.style.borderRight="solid blue 2px";
        MTD2.style.borderLeft="solid blue 2px";
        MTD2.style.borderRight="solid blue 2px";
        MTD3.style.borderLeft="solid blue 2px";
        MTD3.style.borderRight="solid blue 2px";
        MTD4.style.borderLeft="solid blue 2px";
        MTD4.style.borderRight="solid blue 2px";
    }
    function resetTablePro(){
        MTB.style.borderLeft="solid blue 1px";
        MTB.style.borderRight="solid blue 1px";
        MTD1.style.borderLeft="solid red 1px";
        MTD1.style.borderRight="solid red 1px";
        MTD2.style.borderLeft="solid red 1px";
        MTD2.style.borderRight="solid red 1px";
        MTD3.style.borderLeft="solid red 1px";
        MTD3.style.borderRight="solid red 1px";
```

```
        MTD4.style.borderLeft="solid red 1px";
        MTD4.style.borderRight="solid red 1px";
    }
</script>
<body id="BD" style="background:url(back49.gif) repeat fixed;">
<p>
<br>
<pre>
这里是关于 style 对象的应用实例,我们将通过对 style 对象的应用来改变页面的背景属性。
<br>
</pre>
<form>
<input type="button" value="背景图像滚动"
    onclick="JavaScript:BD.style.backgroundAttachment='scroll'">
<input type="button" value="背景图像静止"
    onclick="JavaScript:BD.style.backgroundAttachment='fixed'">
<p>
<input type="button" value="清除背景图像"
    onclick="JavaScript:BD.style.backgroundImage=''">
<input type="button" value="添加背景图像"
    onclick="JavaScript:BD.style.backgroundImage='url(back49.gif)'">
<p>
<input type="button" value="还原背景初始设置"
    onclick="JavaScript:BD.style.background='url(back49.gif) repeat fixed'">
<p>
<input type="button" value="改变表格边框属性"
    onclick="changeTablePro()">
<p>
<input type="button" value="还原表格初始设置"
    onclick="resetTablePro()">
</form>
<p>
<table id="MTB"
    style="border-left:solid blue 1px;border-right:dotted blue 1px;">
<tr>
<td id="MTD1"
    style="border-left:solid red 1px;border-right:solid red 1px;padding:10px;spacing:10px">
<pre>
```

在这个实例中,初始化设置了网页背景图像,

在水平和垂直方向重复显示并静止不动,

不随滚动条的拖动而滚动。

</pre>

</td>

<td id="MTD2"

　　　style="border-left:solid red 1px;border-right:solid red 1px;padding:10px;spacing:10px">

<pre>

当利用鼠标单击各个按钮时,会见到所发生的改变。

</pre>

</td>

</tr>

<tr>

<td id="MTD3"

　　　style="border-left:solid red 1px;border-right:solid red 1px;padding:10px;spacing:10px">

<pre>

每一种改变和变化,都是针对特定的id变化的。

</pre>

</td>

<td id="MTD4"

　　　style="border-left:solid red 1px;border-right:solid red 1px;padding:10px;spacing:10px">

<pre>

本例中的七个按钮,执行相应程序后会对页面背景属性、表格属性进行更改。

程序代码中都是采用style对象来调用相应的属性、进行控制实现各种变化的。

</pre>

</td>

</tr>

</table>

</body>

</html>

第 4 章　动态栏效果

动态栏是指状态栏和标题栏。状态栏在浏览器的底部，可以设置隐藏和显示。而标题栏在浏览器的上部。允许在这两个区域内显示各种动态文字效果，用于提示，同时给用户带来一些情趣。可以显示的内容包括：文字、动态文字、时间、日期、图形效果等。

本章将详细学习这些效果是如何编程设计出来的。重点是如何在状态栏和标题栏上创建各种动态显示效果。

在状态栏中显示信息，通常要用到 window 对象的 status 属性。

在标题栏中显示信息，用到浏览器文档对象 document 的 title 属性。

4.1　修改标题栏和状态栏的默认属性

状态栏中的默认信息一般是关于网络连接状况或连接进度等。但是，有时人们要使用状态栏显示一些特定的内容。标题栏内容一般是在制作静态网页时定义，需要时也可以动态改变其显示内容。

4.1.1　利用 JavaScript 更改标题栏和状态栏显示内容

1.实例效果

标题栏和状态栏如图 4.1 所示。

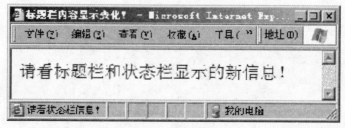

图 4.1　改变状态栏和标题栏内容

2.程序代码编写

编写程序代码时,首先在＜body＞＜/body＞主体部分输入要在网页中显示的文字。然后,在＜head＞＜/head＞部分加入脚本程序。

```
<html>
<head>
<title>这是标题栏</title>
    <script language="JavaScript">
        var word="请看状态栏信息!"
        document.title="标题栏内容显示变化!";
        window.status=word;
    </script>
</head>
<body>
请看标题栏和状态栏显示的新信息!
</body>
</html>
```

注意：改变状态栏信息这段程序通常放在＜head＞＜/head＞标记之间。

改变标题栏显示内容时,使用文档对象 document 的 title 属性,对其进行赋值即可改变制作静态网页时定义的标题;而改变状态栏显示内容时,则使用浏览器的 window 对象的 status 属性,对其进行赋值即可改变状态栏的显示信息。

4.1.2 修改超链接在状态栏上的显示信息

1.实例效果

在浏览器状态栏上显示动态信息,如图 4.2 所示。

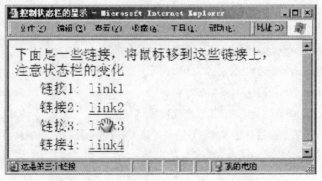

图 4.2 超级链接在状态栏提示信息

2.任务要求

当鼠标指向或离开页面中超级链接时,在浏览器的状态栏中显示动态提示信息。

3.程序设计思路

首先,要清楚页面中显示超级链接一定通过使用＜a href="打开链接网页路径和文件名">link1</a>标记来实现。

根据任务分析，实现鼠标指向和离开时在状态栏中显示信息，涉及两个事件：onMouseOver 和 onMouseOut。要通过这两个事件调用在状态栏中显示信息的脚本程序。而脚本编程中将用到 window 对象的 status 属性。

最后，将事件处理器添加到定义相应超级链接的标记中去，实现事件触发并处理相应的事件。

4.技术要点

定义字符串数组 status_array＝new Array()，用于分别将链接提示信息赋给这些变量。

考虑每个链接的技术相关性，可以将 onMouseOver 和 onMouseOut 所调用的程序设计为一个函数。

5.程序代码编写

（1）在<body></body>主体部分，设计在网页中显示的表格、文字和超级链接。

（2）在超级链接标记内，添加 onMouseOver 和 onMouseOut 事件，并调用事件处理函数 showstatus()。

（3）在<head></head>部分加入脚本程序。

```
<! DOCTYPE html>
<html>
<head>
<title>控制状态栏的显示</title>
<META NAME="Generator" CONTENT="EditPlus">
<META NAME="Liyuncheng" CONTENT="Email:yunchengli@sina.com">
    <script language="JavaScript">
        //状态栏最初信息
        window.status="Hello!";
        //编写显示信息栏内容的函数
        function showstatus(num){
            status_array=new Array();
            status_array[0]="这是第一个链接";
            status_array[1]="这是第二个链接";
            status_array[2]="这是第三个链接";
            status_array[3]="这是第四个链接";
            /*设置状态栏信息与信息数组间的联系,通过 num 来显示不同内容*/
            window.status=status_array[num－1];
        }
    </script>
</head>
<body>
下面是一些链接,将鼠标移到这些链接上,<br>注意状态栏的变化
```

```
<!--定义表格显示网页内容-->
<table>
<!--定义行和列-->
<tr><td height="20" width="200" align="center">链接1：
<!--定义一个超级链接,连接到link1.htm,当鼠标事件 onMouseOver 移入和 onMouseOut 移出时显示信息-->
<a href="link1.htm" name="link1"
    onMouseOver="showstatus(1);return true"
    onMouseOut="showstatus(1);return true">link1</a>
</td></tr>
<tr><td height="20" width="200" align="center">链接2：
<a href="link2.htm" name="link2"
    onMouseOver="showstatus(2);return true"
    onMouseOut="showstatus(2);return true">link2</a>
</td></tr>
<tr><td width="200" align="center" height="20">链接3：
<a href="link3.htm" name="link3"
    onMouseOver="showstatus(3);return true"
    onMouseOut="showstatus(3);return true">link3</a>
</td></tr>
<tr><td width="200" align="center" height="20">链接4：
<a href="link4.htm" name="link4"
    onMouseOver="showstatus(4);return true"
    onMouseOut="showstatus(4);return true">link4</a><br>
</td></tr>
</table>
</body>
</html>
```

注意：在脚本程序设计中,函数 showstatus(num)内巧妙地定义了参数 num,使用它可以正确地指向所需提示信息。并且,调用函数时所赋值刚好与超级链接代号一致,使得程序具有很好的可读性。

6.编程技术拓展

拓展1：在 onMouseOver 和 onMouseOut 事件处理中,不使用定义 JavaScript 函数形式,而是直接指定要显示的内容,如何编写代码？

将原来脚本程序段中 showstatus(num)函数删除,直接用 onMouseOver 和 onMouseOut 事件调用脚本程序。

```
<!DOCTYPE html>
<html>
<head>
<title>控制状态栏的显示</title>
<META NAME="Generator" CONTENT="EditPlus">
```

```html
        <META NAME="Liyuncheng" CONTENT="Email:yunchengli@sina.com">
        <script language="JavaScript">
            window.status="Hello! Good Luck!!"; //状态栏最初信息
        </script>
</head>
<body>
下面是一些链接,将鼠标移到这些链接上,<br>注意状态栏的变化
<!--定义表格显示网页内容-->
<table>
<!--定义一行和一列-->
<tr><td height="20" width="200" align="center">链接1:
<!--定义一个超级链接,连接到 link1.htm,当鼠标事件 onMouseOver 移入和 onMouseOut 移出时显示信息-->
<a href="link1.htm" name="link1"
    onMouseOver="javascript:window.status='这是第一个链接';return true"
    onMouseOut="javascript:window.status='这是第一个链接';return true">link1</a>
</td></tr>
<tr><td height="20" width="200" align="center">链接2:
<a href="link2.htm" name="link2"
    onMouseOver="javascript:window.status='这是第二个链接';return true"
    onMouseOut="javascript:window.status='这是第二个链接';return true">link2</a>
</td></tr>
<tr><td width="200" align="center" height="20">链接3:
<a href="link3.htm" name="link3"
    onMouseOver="javascript:window.status='这是第三个链接';return true"
    onMouseOut="javascript:window.status='这是第三个链接';return true">link3</a>
</td></tr>
<tr><td width="200" align="center" height="20">链接4:
<a href="link4.htm" name="link4"
    onMouseOver="javascript:window.status='这是第四个链接';return true"
    onMouseOut="javascript:window.status='这是第四个链接';return true">link4</a><br>
</td></tr>
</table>
</body>
</html>
```

拓展2：比较两种程序设计,哪种性能更优化或可读性更好?

4.2 在状态栏显示动态效果

4.2.1 在状态栏显示当前时间

1.实例效果

在浏览器的状态栏中动态显示时间。如图 4.3 所示。

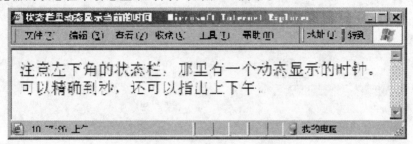

图 4.3 状态栏显示当前时间

2.任务要求

状态栏里动态显示当前的时间,显示内容包括:显示时钟,同时还要显示凌晨、早上、上午、中午、下午和晚上等信息。网页内容为:注意左下角的状态栏,那里有一个动态显示的时钟,可以精确到秒,还可以指出上下午。

3.程序设计思路

关于时钟的程序设计,其思路与其他时间显示问题类似,此项任务中要用到 Date 对象的另外一些方法。包括:获取小时的方法 getHours()、取分钟的方法 getMinutes()和取秒的方法 getSeconds()。另外,这里对时钟显示格式有了具体要求,涉及具体程序设计技巧,是程序编写问题。

4.技术要点

技术要点部分,参见前面关于时间的动态显示和前一节内容。

5.程序代码编写

```
<! DOCTYPE html>
<html>
<head>
<title>状态栏里动态显示当前的时间</title>
<META NAME="Liyuncheng" CONTENT="Email:yunchengli@sina.com">
<script language="JavaScript">
  var timerID=null;
  var timerRunning=false;
  //定义时钟刷新停止函数,这里用到自定义变量 timerRunning 的真与假
    function stopclock(){
      if(timerRunning)
```

```
        clearTimeout(timerID);
        timerRunning=false;
}
function showtime(){
    var myDate=new Date();
    var hours=myDate.getHours();
    var minutes=myDate.getMinutes();
    var seconds=myDate.getSeconds();
    //根据小时来划分时间段并赋给字符串变量
    if(hours>5&&hours<=8){
        tag="早上";
    }
    else if(hours>8&&hours<=11){
        tag="上午";
    }
    else if(hours>11&&hours<=13){
        tag="中午";
    }
    else if(hours>13&&hours<=18){
        tag="下午";
    }
    else if(hours>18&&hours<=23){
        tag="晚上";
    }
    else {
        tag="凌晨";
    }
//将时间按照 24 小时格式记录,并在小时前加一个空字符
var timeValue=" "+hours;
//小时后加上:分
timeValue+=":"+minutes;
//分钟后加上:秒
timeValue+=":"+seconds;
//将时间值后添加时间段字符串
timeValue+=" "+tag;
//将时钟记录值赋给状态栏属性
window.status=timeValue;
timerID=setTimeout("showtime()",1000);
```

```
        timerRunning=true;
    }
    function startclock(){
        stopclock();
        showtime();
    }
</script>
</head>
<!--利用事件 onload 加载-->
<body onload="startclock()">
注意左下角的状态栏,那里有一个动态显示的时钟。<br>可以精确到秒,还可以指出上下午。
</body>
</html>
```

6.编程技术拓展

拓展 1:将时钟显示的时间按照 12 小时格式记录,并且当分钟和秒的数字为 1 位数时,前面加 0 以补齐为两位。

(1)将脚本程序中的如下程序删除

```
//将时间按照 24 小时格式记录,并在小时前加一个空字符
var timeValue=" "+hours;
//小时后加上:分
timeValue+=":"+minutes;
//分钟后加上:秒
timeValue+=":"+seconds;
```

(2)替换为如下程序段

```
//将时间按照 12 小时格式记录
var timeValue=" "+((hours>12)? hours-12:hours);
//分和秒数字为 1 位数则前加 0
timeValue+=((minutes<10)? ":0" : ":")+minutes;
timeValue+=((seconds<10)? ":0" : ":")+seconds;
```

拓展 2:当小时数字为 1 位数时,在前面加 0 以补齐为两位。

将程序中下列语句删除:

```
var timeValue=" "+((hours>12)? hours-12:hours);
```

在该位置加入如下语句:

```
timeValue=((hours>12)? hours-12:hours);
timeValue=" "+((timeValue<10)? "0"+timeValue:timeValue);
```

拓展 3:当小时、分钟和秒的数值为一位数时,前补 0 程序,改变为另一种程序结构。

(1)删除下列程序

```
//将时间按照 12 小时格式记录
var timeValue=""+((hours>12)? hours-12:hours);
//分和秒数字为一位数则前加 0
timeValue+=((minutes<10)?":0" : ":")+minutes;
timeValue+=((seconds<10)?":0" : ":")+seconds;
```

(2)将 showTime()函数中程序修改如下

```
function showTime(){
    var myDate=new Date();
    var hours=myDate.getHours();
    var minutes=myDate.getMinutes();
    var seconds=myDate.getSeconds();
    //将时间按照 12 小时格式记录
    if(hours>=13){
        hours=hours-12;
    }
    //将小时、分钟和秒的一位数字前补 0 程序
    if(hours<10){
        hours="0"+hours;
    }
    if(minutes<10){
        minutes="0"+minutes;
    }
    if(seconds<10){
        minutes="0"+seconds;
    }
    //根据当前所处时间段为字符串变量赋值
    if(hours>5&&hours<=8){
        tag="早上";
    }
    else if(hours>8&&hours<=11){
        tag="上午";
    }
    else if(hours>11&&hours<=13){
        tag="中午";
    }
    else if(hours>13&&hours<=18){
        tag="下午";
    }
```

```
        else if(hours>18&&hours<=23){
            tag="晚上";
        }
        else {
            tag="凌晨";
        }
    //将时、分、秒按格式显示
    var timeValue=" "+hours+":"+minutes+":"+seconds;
    //在时间后面添加时间段提示字符串
    timeValue+=" "+tag;
    //将时钟记录值赋给状态栏属性
    window.status=timeValue;
    timerID=setTimeout("showtime()",1000);
    timerRunning=true;
}
```

思考：完成相同的任务，哪种程序结构性能更优化？

4.2.2 状态栏文字由左端弹出显示

1.实例效果

在网页状态栏中显示动态文字效果。如图 4.4 所示。

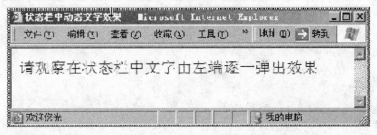

图 4.4 文字打字效果

2.任务要求

在网页状态栏中，使文字从左端逐个弹出显示，直到全部显示，也称打字效果。

3.程序设计思路

所谓弹出，实质上是在给定的字符串中，最初显示最前面一个，然后依次在相同时间间隔内取两个、三个……直到最后显示整个字符串内容，其效果像连续打字一样。

4.技术要点

定义字符串 var Word="欢迎您光临网站！谢谢！";

使用字符对象 String 的 substring()方法取其中的字符。例如 stringVar.substring(0，n)，n 是一个变化的量，最大为字符串长度。

涉及时间间隔就要想到用 setTimeout()这个递归函数。

5.程序代码编写

```html
<!DOCTYPE html>
<html>
<head>
<title>状态栏中动态文字效果</title>
<META NAME="Liyuncheng" CONTENT="Email:yunchengli@sina.com">
<script language="JavaScript">
var Word="欢迎您光临网站！谢谢！";
var interval=100;
var subLen=0;
function Scroll(){
    window.status=Word.substring(0,subLen);
    subLen++;
    if(subLen>Word.length)
      {
          subLen=1;
          window.status="";
          window.setTimeout("Scroll()", interval);
      }
      else
      window.setTimeout("Scroll()", interval);
}
Scroll();
</script>
</head>
<body>
请观察在状态栏中文字由左端逐一弹出效果
</body>
</html>
```

6.任务拓展

拓展1：在该效果的基础上，再使文字向左移动直到消失，然后重复动态文字效果。

改写上面脚本程序函数，考虑当全部文字显示出来后，即满足 if(subLen>Word.length)，再使用 substring(i,position)方法，从最左边开始逐渐向右截取字符串，直到该变量与字符串长度相等时为止。然后重复整个动态效果的显示。

修改后函数 statusScroll()为：

```
function statusScroll()
{
    window.status=Word.substring(0,position);
```

```
        position++;
        if(position>=Word.length)
        {
            window.status=Word.substring(i,position);
            //i 为从最左边开始逐渐向右截取字符串变量
            i++;
            //当截取字符串变量 i 刚好与字符串长度相等时,设置重复的变量
            if(i==Word.length)
            {
                position=1;
                i=0;
            }
            setTimeout("statusScroll()",interval);
        }
        else{
            setTimeout("statusScroll()",interval);
        }
    }
```

拓展 2：在打字效果的基础上，实现文字向右移动直到消失的动态效果。

在实例基础上改写脚本程序，考虑当全部文字显示出来后，使用赋值为空字符串的变量 str，利用 substring()方法从最左边开始逐渐向右在字符串前添加空字符，直到该变量的所有空字符添加完毕为止。然后重复整个动态效果的显示。

改写脚本程序为：

```
<script language="JavaScript">
    var Word="欢迎您光临网站！谢谢！";
    var position=1,i=1;
    var interval=100;
    var str="";
    function statusScroll()
    {
        if(position<Word.length)
        {
            window.status=Word.substring(0,position);
            str+=" ";//将变量 str 赋值为空字符
            str+=" ";
            str+=" ";
        }
```

```
            if(position>=Word.length)
            {
                window.status=str.substring(0,i)+Word;
                //i 为从文字左边开始逐渐向右添加空字符串的变量
                i++;
                if(i>6*Word.length)
                {
                    position=1;
                    i=1;
                }
            }
        else{
            position++;
        }
    setTimeout("statusScroll()",interval);
    }
statusScroll();
</script>
```

技术拓展：在文字前要增加的空字符,可以在使用之前就准备好。

也可以改写脚本程序为：

```
<script language="JavaScript">
var interval=150;
var j,i=0,position=1;
var Word="欢迎您光临网站！谢谢！";
var str="";
  for(j=0;j<50;j++)
  //为变量 str 赋值一组空字符,以便后面程序使用,添加在文字 Word 前面
  {str+=" ";}
function Scroll()
{
    if(position<Word.length){
        window.status=Word.substring(0,position);
        position++;
        setTimeout("Scroll()",interval);
    }
    else if(position==Word.length){
        //在 Word 文字前面不断添加空字符
```

```
        window.status=str.substring(0,i)+Word;
        i++;
        //添加空字符长度为str长度时,文字向右移动结束,恢复最初变量position和i的数值
        if(i>=str.length){
            position=1;
            i=0;
        }
        setTimeout("Scroll()",interval);
    }
}
Scroll();
</script>
```

4.3 文字循环滚动效果

4.3.1 文字首尾相接循环滚动显示

1.实例效果

在网页状态栏中显示动态文字效果。如图4.5所示。

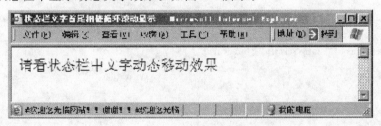

图4.5 状态栏中文字循环显示

2.任务要求

在网页状态栏中使文字"欢迎您光临网站!! 谢谢!!"从右端向左端不停地首尾相接循环滚动显示。

3.程序设计思路

比如要显示的信息为1至9的9个数字,则在整个状态栏显示范围内要显示出来多组这9个数字。为了实现循环显示,定义一个新的字符串,其内容为要显示文字的多次相连接,再由程序控制使新字符串由右至左不断移动且每次移动一个字符。一般地讲,显示区域的长度应该是显示文字信息长度的整数倍n,例如文字信息长为10个字符,则显示区域长为60个字符,即n为60/10=6。

4.技术要点

定义字符串 var Word="欢迎您光临网站！！谢谢！！";

使用字符对象 String 的 substring()方法,提取其中的字符。例如 stringVar.substring(2,6);

5.程序代码编写

```html
<!DOCTYPE html>
<html>
<head>
<title>状态栏文字首尾相接循环滚动显示</title>
<META NAME="Liyuncheng" CONTENT="Email:yunchengli@sina.com">
</head>
<script language="JavaScript">
    <!-- Begin
    var Word="＃欢迎您光临网站！！谢谢！！";
    var i,num,position=0;    var interval=150;
    var str="";
    //定义 num 为在文字前添加空字符的个数
    num=2*(80/Word.length);
    for(i=0;i<num;i++)
        //在文字前面添加 num 个空字符
        str+=Word;
    function statusScroll(){
        window.status=str.substring(position,position+80);
        position++;
        if(position==60)
            position=0;
        setTimeout("statusScroll()",interval);
    }
    --End -->
</script>
<body>
请看状态栏中文字动态移动效果
<script language="JavaScript">
statusScroll();
</script>
</body>
</html>
```

6.技术拓展

拓展 1：改写头部分中脚本程序,在定义函数内不使用 setTimeout()方法。而在主体部分调用脚本函数时,使用 setInterval()方法。

(1)改写脚本程序中函数为：

```
<script language="JavaScript">
<!--Begin
var i,num,position=0;
var Word="欢迎您光临网站!! 谢谢!!";
var str="";
num=2*(80/Word.length);
for(i=0;i<num;i++)
    str+=Word;
function statusScroll()
{
    window.status=str.substring(position,position+80);
    //条件中包含了先执行语句 position++
    if(position++==60)
        position=0;
}
End -->
</script>
```

(2)改写主体部分的脚本调用程序为：

```
<script language="JavaScript">
    //使用定时器 setInterval()调用函数
    setInterval("statusScroll()",150);
</script>
</body>
</html>
```

拓展 2：不在<body></body>主体部分内调用 statusScroll()函数,而在<body>标记里调用。

(1)将实例程序中的下面代码清除

```
<script language="JavaScript">
    statusScroll();
</script>
```

(2)在主体标记<body>中添加 onload 事件调用函数

```
<body onload="statusScroll()">
```

思考：

(1)使文字移动速度减慢。

(2)状态栏文字不是移动,而是不断闪动。

4.3.2 状态栏文字在右端与左端之间循环滚动

1.实例效果

在浏览器的状态栏中显示动态文字效果。如图3.6所示。

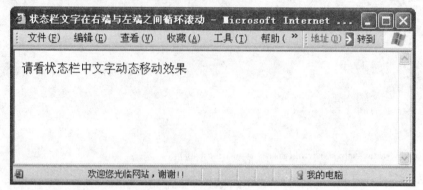

图3.6 文字从右至左循环滚动

2.任务要求

在网页状态栏中,文字"欢迎您光临网站!! 谢谢!!",从右端逐个进入,然后自右向左循环滚动显示。

3.程序设计思路

所谓从右端进入,就是文字从状态栏的右端一个个显示出来,然后不断向左端移动,到达左端后又反向向右侧移动,到达右端后重复显示。这种效果,程序上是先给指定字符串前面添加空字符,然后在显示文字向左移动时不断去掉前面多余空格,同时向右移动时文字前不断添加空字符。

4.技术要点

定义字符串 var Word="欢迎您光临网站!! 谢谢!!";

使用字符对象 String 的 substring()方法,提取所对应的字符。

涉及时间间隔就要想到用 setTimeout()这个递归函数。

5.程序代码编写

```
<!DOCTYPE html>
<html>
<head>
<title>状态栏文字首尾相接循环滚动显示</title>
<META NAME="Liyuncheng" CONTENT="Email:yunchengli@sina.com">
</head>
<script language="JavaScript">
  <!-- Begin
  var Word="欢迎您光临网站!! 谢谢!!";
  var i,position=0;
  var interval=150;
```

```
    var str="";
    //定义在文字前添加空字符数量的变量
    var num=120;
    //c用于设置向左右移动标记条件
    var c=1;
    var j=0;
    for(i=0;i<num;i++)
        str+=" ";
        str+=Word;
    function statusScroll()
    {
    //设置 c=1 时使文字向左移动
        if(c==1){
            window.status=str.substring(j,str.length);
            j++;
            //当j数值与文字前空字符数相等时,设置c=0转换文字向右移动
            if(j==num)c=0;
            setTimeout("statusScroll()",interval);
        }
        else if(c==0){
            j--;
            window.status=str.substring(j,str.length);
            if(j==0)c=1;
            setTimeout("statusScroll()",interval);
        }
    }
    End -->
</script>
<body>
请看状态栏中文字动态移动效果
    <script language="JavaScript">
        statusScroll();
    </script>
</body>
</html>
```

6.任务拓展

使文字从右端显示出来,并向左端滚动直到消失。

修改脚本程序中函数为:

```
function statusScroll()
{
    window.status=str.substring(j,str.length);
    j++;
    //当j数值与字符串长度相等时,设置j=0文字重新从右向左移动
    if(j==str.length)
        j=0;
    setTimeout("statusScroll()",interval);
}
```

7.技术拓展

拓展1:效果同任务拓展,但要求定义函数中包含参数

```
<script language="Javascript">
<!-- Begin
function Scroll(num){//num调用时设定为一个整数
    var Word="欢迎您光临网站!!谢谢!";        //设定要显示的文字
    var str="";
    var msg=Word+str;                          //msg为要显示的内容
    var outWord="";                            //输出字符变量初始化
    var c=1;
    var interval=300;                          //定义文字移动时间间隔
if(num>100){
    num-=2;              //改变调用参数以供下次控制的空格数
    var cmd="Scroll("+num+")";                 //设定下一次需要执行的命令
    window.setTimeout(cmd,interval);//设定计时器,准备循环执行
}
else if(num<=100 && num>0){
    for(c=0;c<num;c++){//为输出字符串前面增加由num控制数量的空格
        outWord+=" ";
    }
    outWord+=msg;                              //输出字符变量后面加入要显示的文字
    num-=2;                                    //改变调用参数以供下次控制的空格数量
    var cmd="Scroll("+num+")";                 //设定下一次需要执行的命令
    window.status=outWord;
    window.setTimeout(cmd,interval);           //设定计时器,准备循环执行
}
else if(num<=0){                               //如果调用参数小于0
    if(-num<msg.length){
        outWord+=msg.substring(-num,msg.length);//直接显示右部剩余字符
```

```
            num-=2;
            var cmd="Scroll("+num+")";
            window.status=outWord;                    //输出显示的内容
            window.setTimeout(cmd,interval);          //设定计时器,准备循环执行
        }
        else {
            window.status="";                         //清除显示的内容
            timerId=window.setTimeout("Scroll(100)",interval);  //设定计时器,准备循环执行
        }
    }
}
Scroll(100);
End -->
</script>
```

拓展 2：将实例效果扩展为文字从右侧飞入，依次停留在左端直到全部显示。

程序设计思路：

所谓飞入，实质上是在给定的字符串中，最初显示最前面一个，然后在显示字符串前面加多个空格，再多次去掉空格，即可显示左移效果。接着显示字符串中第 1 个文字，依次在相同时间间隔内取两个、三个……直到最后显示整个字符串内容。

将脚本程序改写如下：

```
<script language="JavaScript">
    var Word="欢迎您光临网站!!";
    var interval=8; //决定文字飞入快慢
    var num=80; //文字在状态栏中飞入的空间长度变量
    function Scroll(number,position)
    {
        var msg=Word;
        var out="";
        for(var i=0; i<position; i++){
            out+=msg.charAt(i);
        }
        for(i=1;i<number;i++){
            out+=" ";
        }
        out+=msg.charAt(position);
        window.status=out;
//当字符左端添加的空格全部消去时,给 position 加 1,开始取下一个字符
if(number<=1)
```

```
            { position++;
              if(msg.charAt(position)==" ")
              {
                   Now_position++;
              }
              number=num-position;
           }
           else {
                   number--;
           }
           if(position!=msg.length){
                   var cmd="Scroll("+number+","+position+")";
                   window.setTimeout(cmd,interval);
           }
           //当所有的状态栏字符取完后,将参数复位,开始新一轮循环
       else{
           window.status="";
           number=0;
           position=0;
           cmd="Scroll("+number+","+position+")";
           window.setTimeout(cmd,interval);
       }
    }
    Scroll(num,0);
</script>
```

思考:

在三种程序设计中,分别是如何控制文字字符移动的?

第 5 章　页面动态文字效果

前一章学习了在状态栏和标题栏中显示动态文字效果。本章将学习如何让页面中的文字动起来。包括文字在单行文本框显示、多行文本框显示,以及以滤镜方式显示等。下面分别探讨各种动态文字显示效果。

5.1　单行文本框中的文字特效

5.1.1　单行文本框文字动态移动

1.实例效果

在页面单行文本框中,显示动态文字效果如图 5.1 所示。

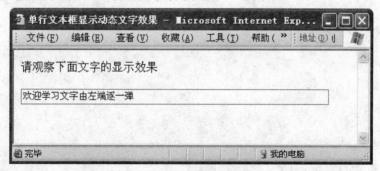

图 5.1　单行文本框显示动态文字

2.任务要求

在网页文档区域文本框中,让文字"欢迎学习文字由左端逐一弹出的动态文字显示效果。谢谢!"从左端逐个弹出,直到全部显示,然后重复。

3.程序设计思路

设计思路同状态栏显示相同,只是将显示对象由状态栏换成单行文本框。当然要在文档区域中首先定义一个文本框。

4.技术要点

利用<form> </form>标签定义表单,同时设置其id属性,即<form id="md">。用<input>标签定义文本框,同时设置其id属性,即<input id="mdText">。

例如文本框的id="wd",要显示的文字为word="欢迎学习文字由左端逐一弹出的动态文字显示效果。谢谢!",则其中动态文字的程序为 mdText.value=word.substring(0,subLen);。

涉及时间间隔时,就要想到用setTimeOut()递归函数。

5.程序代码编写

先创建静态页面代码,在<body></body>主体部分插入单行文本框,定义其id号及其属性。然后,将脚本代码放在表单下面。

```
<html>
<head>
  <title>单行文本框显示动态文字效果</title>
  <META NAME="Liyuncheng" CONTENT="Email:yunchengli@sina.com">
</head>
<body>
请观察下面文字的显示效果
<form name="md">
<input type="text" name="mdText" size="60" value="">
</form>
  <script language="JavaScript">
  var word="欢迎学习文字由左端逐一弹出的动态文字显示效果。谢谢!";
  var interval=100;
  var subLen=0;
  function Scroll()
  {
    len=word.length;
    document.md.mdText.value=word.substring(0,subLen);
    subLen++;
    if(subLen>len)
    {
        subLen=1;
        document.md.mdText.value="";
        window.setTimeout("Scroll()",interval);
    }
    else
        window.setTimeout("Scroll()",interval);
  }
```

```
      Scroll( );
    </script>
  </body>
</html>
```

6.重点代码分析

下列代码使用字符对象的 substring()方法,截取字符串中的部分文字段。

document.md.mdText.value=word.substring(0,subLen);

subLen++;

其中,subLen 不断变化,当其值大于字符串长度时将其值赋为 1。而第一个参数为 0 是不变的。

5.1.2 任务拓展1:单行文本框显示动态文字效果1

设定文本框中显示文字的大小、颜色和字体等属性。

任务拓展 1 效果,如图 5.2 所示。

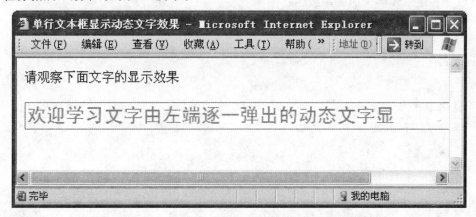

图 5.2 任务拓展 1 效果

1.在程序主体标签部分增加代码

在<body></body>主体部分的文本框标签中,增加 class,属性为 box。即

`<input type="text" id="mdText" size="60" class="box" value="">`

2.在程序头部分增加样式设置

在<head></head>头部分增加 ccs 样式,即

```
<style>
   .box{font-size:20pt;color:#FF66CC;font-family:黑体}
</style>
```

此时,页面内的文本框文字,就将以该设置来显示。即文字大小为 20 像素、颜色为红色、字体为黑体。

5.1.3 任务拓展2：单行文本框显示动态文字效果2

将文本框放在一个特效表格里，以便美化显示效果。

任务拓展2效果，如图5.3所示。

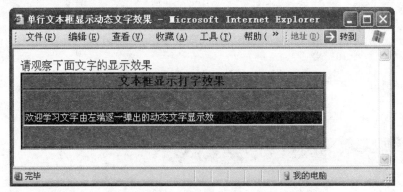

图5.3 任务拓展2效果

1.改变程序主体部分的表单属性

主体部分程序的表单段如下：

<form id="md">

<input type="text" id="mdText" size="60" value="">

</form>

现修改为设置在特定表单标签内，并增加相应的属性。将前面程序替换如下：

<form id="md">

<p align="center">

<!--为文本框添加属性-->

<input type="text" id="mdText" size=60 value="" style="background-color:#000000;color:#FFFFFF;overflow:auto">

</form>

2.将表单放置在一个特定表格内

创建一个特定表格，设置为2行2列，第1行用于显示表格标题，第2行用于显示文本框。程序代码如下：

<!--为表格添加属性-->

<table border="2" width="58%" cellspacing="1" cellpadding="0" bordercolorlight="#000000" bgcolor="#808080" height="0">

<tr>

  <td width="100%" align="center"><b>文本框显示打字效果</b></td>

</tr>

<tr>

  <td width="100%" height="110">

<form id="md">

```
    <p align="center">
    <！--为文本框添加属性-->
    <input type="text" id="mdText" size="60" value="" style="background-color：#000000；color：
#FFFFFF;overflow:auto">
    </td>
     </tr>
  </form>
</table>
```

3.重点代码分析

用<table></table>创建表格，为表格增加如下属性。

表格边框宽度为 border="2"，表格宽度为 width="58%"，单元格表元间距设置为 cellspacing="1"，表元内部填充设置为 cellpadding="0"，表格边框色彩亮度为 bordercolorlight="#000000"，单元格内颜色为 bgcolor="#808080"，表格边框高度为 height="0"。

在文本框标签中增加的样式属性，包括背景色为 background-color：#000000，文字颜色为 color：#FFFFFF，overflow:auto 为若内容被修剪，浏览器会显示滚动条，以便查看其余的内容。

5.1.4 任务拓展3：文本框中文字跑马灯效果

使文本框中文字动态地来回运动显示。

任务拓展3效果，如图5.4所示。

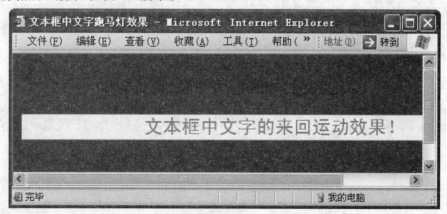

图5.4 文字来回运动效果

1.在<body> </body> 主体部分添加网页中所有显示元素

所要添加的内容包括：设定文档区域的颜色、文字显示属性、创建带有 name 属性的表单和文本框等。

2.在<head> </head> 头部分编写脚本代码

编写脚本代码并定义函数 Scroll()，实现文字的移动。特别注意将文字效果赋给 document.md.mdText.value 属性，即 document.md.mdText.value＝Space＋Word。

3. 调用程序中函数

在<body>中使用 onload 事件调用文字效果函数。即<body bgcolor="#226633" onload="Scroll()">

4. 程序代码编写

```
<!DOCTYPE html>
<html>
  <head>
  <title>文本框中文字跑马灯效果</title>
  <META NAME="Liyuncheng" CONTENT="Email:yunchengli@sina.com">
  <style>
    .box{font-size:18pt;color:#FF66CC;font-family:黑体}
  </style>
  <script language=JavaScript>
    word="文本框中文字的来回运动效果!";
    var interval=100;
    var subLen=40;
    var Pos=subLen;
    var Vel=2;
    //定义一个记号变量
    Dir=1;
    //与字符串长度有关的变量 subLen=subLen-Word.length
    subLen-=Word.length;
    function Scroll(){
      //使用简化的 if 语句,对变量 Pos 赋新值
      Dir==1 ? Pos-=Vel : Pos+=Vel;
      if(Pos<1)
      { //更改 Dir 和 Pos 变量的值
        Dir=0;
        Pos=1;
      }
      if(Pos>subLen)
      {
        Dir=1;
        Pos=subLen;
      }
      //存放空字符
      Space="";
```

```
            //为变量 Space 添加空字符
            for(i=1; i<Pos; i++)
            {
                Space+=" ";
            }
            //定义带有空隙字符变量 Space 和字符串变量 Word 赋值
            document.md.mdText.value=Space+Word;
            //设置超时,使文字反复显示
            setTimeout("Scroll();", interval);
        }
    </script>
</head>
<body bgcolor="#226633" onload="Scroll()">
<center>
<br>
    <p><font size="4" color="#0000FF" face="楷体">
请观察下面文本框中文字的跑马灯效果:</font></p>
<form name="md">
<input size="50" name="mdText" class="box">
</form>
<br><br>
</center>
</body>
</html>
```

5.重点代码分析

下列代码用于判断文字向左或向右移动,相应地在 Space 中减少添加的空字符或增加空字符数目。

```
Dir==1 ? Pos-=Vel : Pos+=Vel;
if(Pos<1)
{ //更改 Dir 和 Pos 变量的值
    Dir=0;
    Pos=1;
}
if(Pos>subLen)
{
    Dir=1;
    Pos=subLen;
}
```

```
//存放空字符
    Space="";
//为变量Space添加空字符
for(i=1;i<Pos;i++)
{
    Space+=" ";
}
document.md.mdText.value=Space+Word;
```

其中语句document.md.mdText.value=Space+Word,依据变量Space中的空格数目,将显示出文字向左或向右移动的效果。

5.1.5 任务拓展4:文字打字显示效果

使文本框中的文字以打字效果显示多个文字段。

打字效果显示文字特效,如图5.5所示。

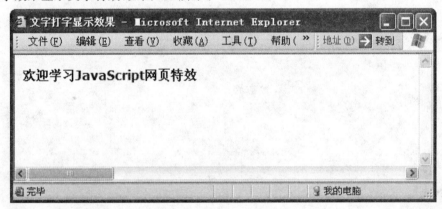

图5.5 以打字效果显示多个文字段

1.程序代码编写

将脚本代码放在<body></body>标签内。

```
<!DOCTYPE html>
<html><head><title>文字打字显示效果</title>
<META CONTENT=Email:yunchengli@sina.com NAME=Liyuncheng></head>
<body>
<script language=JavaScript1.2>
<!--
//设置滚动的内容
var word=new Array()
word[1]="欢迎学习 JavaScript 网页特效"
word[2]="http://dynamicdrive.com/"
word[3]="这是你我的网页特效家园"
```

```
word[4]="欢迎您给我们提出宝贵意见!"
word[5]="欢迎您加入网站的建设队伍!"
//设置字体大小
var word_fontsize="16px"
//--Don't edit below this line
var longestmessage=1
for(i=2;i<word.length;i++){
    if(word[i].length>word[longestmessage].length)
    longestmessage=i
}
//自动设置 scroller 长度
var scroller_width=word[longestmessage].length
lines=word.length-1 //文字段数目
//如果浏览器为:IE 4+or NS6
if(document.all||document.getElementById)
{   document.write('<form name="bannerform">');
    document.write('<input type="text" name="banner" size="'+scroller_width+5+'"');
    document.write(' style="background-color: '+document.bgColor+'; color: '+
    document.body.text+'; font-family: verdana; font-size: '+word_fontsize+';
    font-weight:bold; border: medium none" onfocus="blur()">');
    document.write("</form>");
}
temp=""
nextchar=-1;
nextline=1;
cursor="\\"
function animate()
{
    if(temp==word[nextline] & temp.length==word[nextline].length & nextline!=lines)
    {   nextline++;
        nextchar=-1;
        document.bannerform.banner.value=temp;
        temp="";
        setTimeout("nextstep()",3000)}
      else if (nextline==lines & temp==word[nextline] & temp.length==word[nextline].length)
    {   nextline=1;
        nextchar=-1;
```

```
            document.bannerform.banner.value=temp;
            temp="";
            setTimeout("nextstep()",3000);
        }
        else{ nextstep();
        }
}
//定义函数,完成文字右边的光标样式,由"\"变成"|"变成"/"变成"—"
function nextstep()
{  if(cursor=="\\")
      {cursor="|"
      }
    else if(cursor=="|")
        {cursor="/"
        }
    else if(cursor=="/")
        {cursor="—"
        }
    else if(cursor=="—")
        {cursor="\\"
        }
    //指向下一个文字
    nextchar++;
    //选取nextline行的第nextchar个文字并与前面的文字成为文字段
    temp+=word[nextline].charAt(nextchar);
    //显示所选取的文字及其cursor样式
    document.bannerform.banner.value=temp+cursor
    setTimeout("animate()",100)
}
//如果浏览器为 IE 4+or NS6
if(document.all||document.getElementById)
    window.onload=animate
//-->
</script>
</body>
</html>
```

2.重点代码分析

(1)下列代码段用于找到哪个文字段最长。

```
var longestmessage=1
for(i=2;i<word.length;i++){
    if(word[i].length>word[longestmessage].length)
    longestmessage=i
}
```

(2)下列代码段,用于动态创建一个文本框,并设置了name或id,以及其他相应属性。

```
if(document.all||document.getElementById)
{    document.write('<form name="bannerform">');
     document.write('<input type="text" name="banner" size="'+scroller_width+5+'"');
     document.write(' style="background-color: '+document.bgColor+'; color: '+
     document.body.text+'; font-family: verdana; font-size: '+word_fontsize+';
     font-weight:bold; border: medium none" onFocus="blur()">');
     document.write("</form>");
}
```

其中 onfocus="blur()",设置了当文本框为焦点时失去输入功能。即 blur()的作用就是去除聚焦,换句话说就是用户不能够输入文本了。

(3)animate()和 nextstep()函数,前者完成显示文字特效,后者完成显示光标特效。

(4)下列代码段,使用 onload 事件调用动态显示效果。

```
//if 浏览器为 IE 4+or NS6
if(document.all||document.getElementById)
    window.onload=animate
```

重点强调

针对文本框进行编程之前,创建表单和文本框时,要在标签中增加属性 name 或 id,以便为编程时通过这个属性找到文本框的 value 属性并赋值。

5.2 多行文本框动态效果

5.2.1 多行文本框的跳动小人

1.实例效果

在网页的多行文本框中显示一个跳动的小人,如图 5.6 所示。

2.任务要求

在网页文档区域内使用多行文本框,显示跳动小人效果,并不断重复。小人可以在多行文本框中利用字符和符号构成。

图5.6 显示跳动小人

3.程序设计思路

将动画中的每个状态定义为字符串数组中的元素,例如定义特定字符串数组:content=new Array("0"+/n+"/|\\"+/n+"*/*"+/n……);其中"\"和">"等要加转义符"\"。字符数组中的第1个元素,content[0]就是一个小人的形状。

在编程时利用数组的下标进行操作调用,来确定小人跳动的相应状态。

4.技术要点

利用<form></form>标签定义文本框。

例如:

<form id=f1>
<textarea id="t1" cols="16" rows="5" style="scroll-bar :no"></textarea>
</form>

在文本框中显示字符串:f1.t1.value=" "+/n+content[i];

涉及时间间隔时,就要想到用setTimeout()递归函数。

5.程序代码编写

```
<! DOCTYPE html>
<html>
<head>
<title>多行文本框中显示动态效果</title>
<META NAME="Liyuncheng" CONTENT="Email:yunchengli@sina.com">
</head>
<script language="JavaScript">
<! -- Begin
var sta="\n";
//使用数组对象Array()定义数组及其元素为28个特定字符
content=new Array(
"    o"+sta+
"   /|\\"+sta+
"  */\\*     "+sta,
```

```
"          o_"+sta+
"        \<|  *"+sta+
"         *\>\\    "+sta,
"        _o/ * "+sta+
"        *  |"+sta+
"        / \\     "+sta,
"      * o_"+sta+
"       / *"+sta+
"\<\\         "+sta,
"_o/ *"+sta+
" *  |"+sta+
"/ \\        "+sta,
" *\\c/ * "+sta+
"   )"+sta+
"   / \>        "+sta,
"      *"+sta+
"   \\_/c"+sta+
"   \> \\ *     "+sta,
"   __/"+sta+
"    (o_ *"+sta+
"    \\ *      "+sta,
"    \\ /"+sta+
"    |"+sta+
"   * /o\\ *     "+sta,
"    \\_"+sta+
"    ("+sta+
"    * /o\\ *     "+sta,
"       \<_"+sta+
"    __("+sta+
"   *  o| *     "+sta,
"      /_"+sta+
"     __("+sta+
"    *  o| * "+sta,
"       ___"+sta+
"      *\/ \>"+sta+
"       o| *    "+sta,
"         *"+sta+
"         o|_/"+sta+
```

```
"        * / \\      "+sta,
"            *"+sta+
"          _o|_"+sta+
"     * \>\\       "+sta,
"        _o/ *"+sta+
"         *  |"+sta+
"          / \\ "+sta,
"       * \\o/ *"+sta+
"           |"+sta+
"          / \\ "+sta,
"          c/ *"+sta+
"         \<\\"+sta+
"        * /\\       "+sta,
"          c__"+sta+
"        \<\ *"+sta+
"         * /\\      "+sta,
"          c__"+sta+
"         /\ *"+sta+
"       * /\>       "+sta,
"          c/ *"+sta+
"         /(__"+sta+
"       *  /       "+sta,
"        __o/ *"+sta+
"         * (__"+sta+
"          \<        "+sta,
"         __o"+sta+
"         * / *"+sta+
"          \<\\      "+sta,
"         * _o"+sta+
"           | *"+sta+
"          \<\\      "+sta,
"         * _c_ *"+sta+
"            |"+sta+
"           \>\\     "+sta,
"         * _c_ *"+sta+
"           |__"+sta+
"          \>  "+sta,
"         * _c_ *"+sta+
```

```
"    __|__"+sta+
"           "+sta,
""+sta+
"       *_c_*"+sta+
"     __)__   "+sta,
""+sta+
"       *\\c/*"+sta+
"     __)__"+sta
);
var i=0;
var staLen=content.length;
function dance( )
{
    f1.t1.value=" "+sta+content[i];
    i++;
    if(i!=staLen)
        setTimeout("dance( )", 200);
    else
        i=0;
}
// End -->
</script>
<body onload="dance( )">
<center>
<form id="f1">
<textarea cols="16" id="t1" rows="5" style="scroll-bar:no">
</textarea>
<br>  
<input type="button" onClick="javascript:dance( )" value="重新开始">
</form>
</body>
</html>
```

6.重点代码分析

(1)在数组元素 CONTENT 赋值定义中,其内容都是特定字符。所显示的特效其实就是让按规律排好的字符依次出现在页面上。

(2)若要彻底去掉文本框中的滚动条,则将样式属性替换为 overflow:auto。

(3)若要设置小人不停地跳动下去,可以将脚本中的函数 dance( )代码改成:

```
function dance()
{
    f1.t1.value=" "+sta+content[i];
    if(i!=staLen-1)
        {i++;}
    else
        {i=0;}
    setTimeout("dance()",200);
}
```

页面的动画将会重复展示。

5.2.2 任务拓展1：多行文本框中动态文字效果1

在多行文本框中以打字效果显示文字段，间隔一会显示下一段。

任务拓展1效果，如图5.7所示。

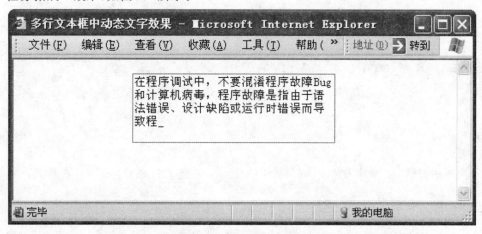

图5.7 在多行文本框中以打字效果显示文字并间隔显示文字段

1. 在<head></head>头部分添加脚本程序

```
<script language="JavaScript">
<!-- Begin
var max=0;
var interval=2000;          //每条信息保持时间
var type_interval=50;       //显示每个字时间间隔
//定义需要显示的文字段条目
sta=new Array(
"JavaScript 是一种脚本语言，指其程序是在 Web 浏览器内由解释器解释并执行的编程语言。使用脚本语言编写的程序，都是在脚本引擎装载 HTML 页面时执行的。",
```

"JavaScript 是欧洲计算机制造商联合会,即 ECMA,定义的一个国际通用的标准化版本的语言,也被称为 ECMAScript。Microsoft 的 JScript 与 ECMAScript 完全兼容。",

"许多人误认为 JavaScript 与 Java 编程语言相关,或者是它的一个简化版本。其实它们是完全不同的。尽管 Java 也常用于创建 Web 页,但它是独立于浏览器的外部程序。",

"在程序调试中,不要混淆程序故障 Bug 和计算机病毒,程序故障是指由于语法错误、设计缺陷或运行时错误而导致程序发生的问题。病毒是完全对程序起恶意破坏作用。",

"现在我们用 Netscape(网景)公司最先推出的 JavaScript 来做网页动态文字特效的演示!"
//这里是 5 个文字段,还可以根据需要增加
);
max=sta.length;
var i=0; pos=0;   //初始化变量
var len=sta[0].length;   //取得第一条消息的长度
//定义依次显示文字段的主函数
function typer(){
    //显示第 x 条信息的前 pos 个字符,并在最后面添加类似光标的下划线
    document.md.mdText.value=sta[i].substring(0, pos)+"_";
    //将需显示的结束部分后移一个字符,如果超出了信息最大长度,则表明本条信息已经显示完整
    if(pos++==len){
        pos=0;   //恢复指针,准备从第一个字符开始显示
        if(++i==max)i=0;   //轮换需要显示的信息条目
        len=sta[i].length;   //取得下一次需要显示的那条信息的长度
        //将信息保持 interval 毫秒后,显示下一条
        setTimeout("typer()", interval);
    }
    else   //如果本条信息没有显示完
    //则设定显示下一个字的延时为 type_interval 毫秒
    setTimeout("typer()", type_interval);
}
End -->
</script>

2.在< body> < /body> 主体部分添加代码和标签

<body onLoad="typer()" text="#00FFFF">
<form name="md">
<p align="center">
<!--为文本框添加属性-->
<textarea name="mdText" rows="5" cols="31" style="overflow:auto">初始信息</textarea>
</body>

5.2.3 任务拓展 2：多行文本框中动态文字效果 2

将上例文本框变成黑色底色，则效果如图 5.8 所示。

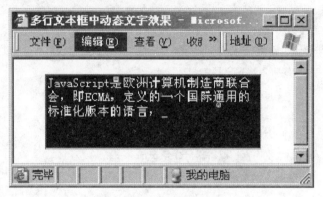

图 5.8 改变文本框底色效果

(1)在文本框标签内添加样式及其属性：

＜textarea name ="mdText" rows ="5" cols ="31" style ="background-color：#000000；color：#FFFFFF；overflow：auto"＞初始信息＜/textarea＞

(2)样式属性中：overflow：auto 设置了多行文本框的滚动条隐藏起来，不再显现。

5.2.4 任务拓展 3：多行文本框中动态文字效果 3

将上例文本框放在 3 行 1 列表格中的第 2 行，同时设置表格属性。

任务拓展 3 效果，如图 5.9 所示。

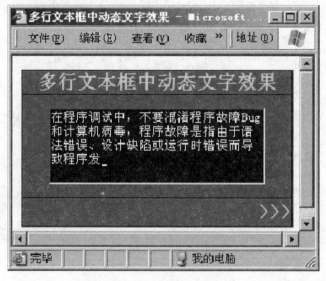

图 5.9 将文本框嵌入表格内

1.添加表格

在<body></body>主体部分添加如下表格标签及其属性。

```html
<!--为表格添加属性-->
<table border="1" width="300" cellspacing="0" cellpadding="0" bordercolorlight="#000000" bgcolor="#338811" height="0">
<tr>
    <td width="100%" align="center"><b>多行文本框中动态文字效果</b></td>
</tr>
<tr>
    <td width="100%" height="110">
<p align="center">
<form name="md">
<!--为文本框添加属性-->
<textarea name="mdText" rows="5" cols="31"style="background-color:#000000;color:#FFFFFF;overflow:auto">初始信息
</textarea>
</td>
  </tr>
</form>
<tr>
    <td width="100%" height="30">
      <p align="right"><b>&gt;&gt;&gt;</b>
    </td>
  </tr>
</table>
```

2.重点代码分析

表格中设置背景颜色的属性为 bgcolor="#338811",而多行文本框的背景颜色则是在样式表中定义,其属性为:background-color:#000000。注意二者的差异。

5.3 文本框中的动态公告

5.3.1 多条公告显示

1.实例效果

单击页面的"阅读"按钮和"公告栏"按钮,则会在多行文本框中顺序和倒序显示文字信息。如图 5.10 所示。

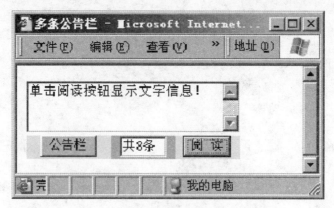

图 5.10　页面的公告栏

2.任务要求

在页面的表格中插入多行文本框、按钮和单行文本框,单击"阅读"按钮将顺序显示每条文字,单击"公告栏"按钮将倒序显示每条文字,同时在单行文本框中提示为第几条信息。

3.程序设计思路

(1)首先在页面中创建一个表格并设置表格各种属性,将多行文本框嵌入第 1 行第 1 列,同时定义其 name 或 id 属性;将"公告栏"按钮、单行文本框和"阅读"按钮,分别嵌入第 2 行第 1 列、第 2 列和第 3 列,显示其为"公告栏""共 8 条""阅读"。

(2)脚本程序编写,完成两个任务:单击"阅读"按钮时顺序显示信息条目;单击"公告栏"按钮时倒序显示信息条目。

(3)将编写的两个功能函数分别赋给两个按钮。

4.技术要点

前面学过的在文本框中显示文字都是通过其 id 属性值找到对应的对象,来完成文字的赋值显示。

而本例中则使用了文档元素按位置访问的格式,找到显示文字的文本框对象,这也是常用的一种方式。例如:

document.forms[0].elements[0].value=Text;

首先,表示文档区域中第 1 个表单中的第 1 个元素,将其属性 value 赋值 Text。这种访问方式是按照位置进行的,其原理是基于 HTML 文档中某类标签的数量,若当中的某个标签被删除,这种用数组表示的方式就会出现错误,一定要避免这种情况发生。

其次,在定义函数中巧妙地使用 return 语句,将所需要的变量值返回。例如:

return(Text);

最后,针对这两个按钮,使用了 onClick 事件调用相应函数,以便完成特定任务。例如:

onClick="nextMessage()"

5.程序代码编写

```
<!DOCTYPE html>
<html>
<head>
<title>多条公告栏</title>
<META NAME="Liyuncheng" CONTENT="Email:yunchengli@sina.com">
```

```
<script language="JavaScript">
<！--设计一个控制多条信息的公告栏
var i=0;
//控制信息是否显示一个周期
var TextNumber=－1;
//使用Object()对象定义数组实例
var TextInput=new Object();
//用于加载控制信息条目
var HelpText="";
//用于加载信息
var Text="";
//显示每个字的事件间隔(数字越小,速度越快)
var Interval=50;
//显示信息条数量
var message=0;
//used to position text in ver 2.0
var addPadding="\r\n";
//定义多条信息文字段
TextInput[0]="今天有一个新的网站介绍给您。";
TextInput[1]="欢迎您的光临！本站为您提供大量JavaScript下载。";
TextInput[2]="重点介绍JavaScript。";
TextInput[3]="与制作网页特效密切相关的技术。";
TextInput[4]="本站同时还有其他栏目。";
TextInput[5]="还有技术进展新闻及相关的资料。";
TextInput[6]="还有宽带网方面的大量技术文章。";
TextInput[7]="本站网址为http://dynamicdrive.com/";
TotalTextInput=7; //(0, 1, 2, 3, 4, 5, 6, 7)
//配置不同版本versions的单个字显示间隔
var Version=navigator.appVersion;
if(Version.substring(0, 1)==3)
{
    Interval=200;
    addPadding="";
}
for(var addPause=0; addPause<=TotalTextInput; addPause++)
//在每段文字前添加空字符
{TextInput[addPause]=addPadding+TextInput[addPause];
}
```

```javascript
//定义两个标号和逻辑变量
var TimerId
var TimerSet=false;
//在"阅读"按钮中调用,显示下一条信息
function nextMessage()
{
    if(!TimerSet)//第一次调用时条件为真
    {   TimerSet=true;
        clearTimeout(TimerId);//停止或清除递归
        if(TextNumber>=TotalTextInput)
        {   alert("这是最后一条信息了!");
            TimerSet=false;
        }
        else
        {
            TextNumber+=1;
            //显示第几条信息
            message=TextNumber+1;
            //在单行文本框中显示第几条信息的提示
            document.forms[0].elements[2].value=message;
            //找到要显示的信息条
            Text=TextInput[TextNumber];
            //将文字段赋值给 HelpText
            HelpText=Text;
        }
        //将文字段以打字效果显示出来
        showText();
    }
}
//用 rollMessage()函数显示文字
//打字效果速度控制
function showText()
{
    if(TimerSet)
    {
        Text=rollMessage();
        TimerId=setTimeout("showText()", Interval);
        //使用文档元素按位置访问格式,显示字符串
```

```
        document.forms[0].elements[0].value=Text;
    }
}
//将文字段中文字在定义的时间间隔内一个个显示,并且将取得的字符串返回
function rollMessage()
{   //i 指向一个特定文字,第一次执行 i 值为 1
    i++;
    var CheckSpace=HelpText.substring(i-1, i);
    //在获取的字符串前添加一个空格符
    CheckSpace=""+CheckSpace;
    if(CheckSpace==" ")
        {  i++;}//第一次执行后 i 值为 2
    if(i>=HelpText.length+1)
    {
        TimerSet=false;
        Text=HelpText.substring(0, i);
        i=0;
        return(Text);
    }
    //一个文字段中的第 1 个到第 i+1 个字符串
    Text=HelpText.substring(0, i);
    //将取得的字符串返回
    return(Text);
}
//在 body 标签部分加载标题时调用
function initTType()
{
    Text="\r\n Manual Tele-Type Display";
    //将取得的字符串显示出来
document.forms[0].elements[0].value=Text;
}
//在"公告栏"按钮中调用,倒序显示文字段信息
function converseMessage()
{
  if(! TimerSet && TextNumber! =-1)
    {
        TimerSet=true;
```

```
            clearTimeout(TimerId);
            if(TextNumber<=0)
            {
                alert("这已经是第一条信息了!");
                TimerSet=false;
            }
            else
            {
                TextNumber-=1;
                message=TextNumber+1;
                //在单行文本框中显示第几条信息
                document.forms[0].elements[2].value=message;
                Text=TextInput[TextNumber];
                //将文字段赋值给HelpText
                HelpText=Text;
            }
    //以打字效果显示信息条.
    showText();
    }
}
-->
</script>
</head>
<body>
<form>
<table CELLSPACING="0" CELLPADDING="0" WIDTH="17%">
<tr><td width="100%" colspan="3" valign="top">
  <textarea NAME="teletype" ROWS="3" COLS="28" wrap="yes">
  单击阅读按钮显示文字信息!
  </textarea></td></tr>
<tr align="center">
<td width="40%" valign="top" bgcolor="#EEEEEE">
<input TYPE="button" VALUE="公告栏" onClick="converseMessage()"></td>
<td width="30%" bgcolor="#C8C8C8" valign="top">
<input TYPE="text" value="共8条" SIZE="5" name="1"></td>
<td width="30%" bgcolor="#EEEEEE" valign="top">
<input TYPE="button" VALUE="阅 读" onClick="nextMessage()"></td>
</tr>
```

```
    </table>
   </form>
  </body>
</html>
```

6.重点代码分析

(1)在 nextMessage()函数中,通过如下程序控制待显示文字条目和公告显示是否结束。其中变量 TextNumber 的初始值被巧妙地定义为-1,这样的设置很有技巧,并非是通常声明变量的初始值 0。

```
if(TextNumber>=TotalTextInput)
   { alert("这是最后一条信息了!");
     TimerSet=false;
   }
else
   {
       TextNumber+=1;
       //显示第几条信息
       message=TextNumber+1;
       //在单行文本框中显示第几条信息的提示
       document.forms[0].elements[2].value=message;
       //找到要显示的信息条
       Text=TextInput[TextNumber];
       //将文字段赋值给 HelpText
       HelpText=Text;
   }
```

巧妙地设置了逻辑变量 TimeSet 的初始值为 false。

(2)在页面中的两个按钮元素,分别利用 onClick 事件调用了相应的函数。

```
<input TYPE="button" VALUE="公告栏" onClick="converseMessage()">
<input TYPE="button" VALUE="阅 读" onClick="nextMessage()">
```

5.3.2 任务拓展:带图片的公告栏

将上例效果拓展为:文字和图片混排的公告栏,信息不停地滚动。

1.实例效果

任务拓展效果,如图 5.11 所示。

2.任务要求

在页面中设置固定的公告栏区域,公告栏内有多条信息滚动循环显示,显示内容既有文字又有图片,有些条目还定义有超级链接。当鼠标指向公告栏区域时信息条将停止滚动,移开时信息条继续滚动。单击超级链接时将链接到相应网址。

图 5.11 文字和图片混排的公告栏

3. 程序设计思路

在页面中定义层或块作为公告栏的容器。使用脚本程序，在容器内动态地定义滚动显示信息的层，层中一定要定义 id 和其他样式属性。然后编写脚本程序，用来控制信息条目的滚动显示，及其相应属性。

4. 技术要点

(1) 在定义层时，一般要同时涉及层的属性。这里使用了样式定义。例如：

style="position:relative;overflow:hidden;width:'+swidth+';height:'+sheight+';clip:rect(0 '+swidth+' '+sheight+' 0);border:1 solid red;" onmouseover="sspeed=0;" onmouseout="sspeed=2"

其中 overflow 属性，是当内容超出其所在容器的区域时，它应该如何设置。它可以有如下设置选项：visible、hidden、scroll 和 auto，各选项含义为：

overflow:visible，内容不会被省掉而会显示在容器外面。

overflow:hidden，内容会被省掉，但页面不显示滚动条。

overflow:scroll，内容被省略掉，但页面会显示滚动条，以用来查看剩余的内容。

overflow:auto，如果内容多出了，页面自动显示滚动条，以用来查看剩余的内容。

其中，width:swidth 和 height:sheight 中的 swidth、sheight 为脚本程序中的全局变量。

clip:rect(0 "+swidth+" "+sheight+" 0)，用于设置其矩形显示区域的宽和高。

onmouseover="sspeed=0;"和 onmouseout="sspeed=2;"，是事件绑定属性。当鼠标指向 onmouseover 时，设定 sspeed 值为 0，即停止滚动。而鼠标离开 onmouseout 时，设定 sspeed 值为 2，即继续滚动。

(2) 设定信息条滚动为向上，即层的属性 pixelTop 定义为不断减小。例如：

div_id.style.pixelTop-=sspeed

5. 程序代码编写

(1) 在主体部分，创建一个层和块用于承载显示公告的容器。例如：

<div align="center">
<span style="borderWidth:1; borderColor:red; width:350; height:72; background:FFFFCC">
</span></div>

🕮 **注意**：对 IE 和网景 NN（注：原来希望对 NN 浏览器进一步说明）浏览器代码是有区别的。有关 NN 浏览器代码的其他代码，这里提供作为参考。

(2) 在头部分编写脚本程序,包括:定义要显示的公告条目内容;公告条目显示效果等。
(3) 在前面主体部分所定义的块内,使用语句动态地创建显示信息图层以及对信息的控制。

```html
<!DOCTYPE html>
<html>
 <head>
  <title>带图片的公告栏</title>
  <META NAME="Liyuncheng" CONTENT="Email:yunchengli@sina.com">
<script language="JavaScript">
<!-- Begin
//滚动条的宽度 width
var swidth=380
//滚动条的高度 height
var sheight=72
//公告滚动的速度
var sspeed=2
//公告信息中还可以包含 Hyperlinks,即:<a target="..." href="... URL ...">...message...</a>
var singleText=new Array()
singleText[0]='<div align="center"><font face="Arial" size="3" color="red"><b>公告栏</b><br><br>这里可以使用超级链接<b><a href="http://dynamicdrive.com/">JavaScript网页特效</a></b></font></div>'
singleText[1]='<div align="center"><font face="Arial" size="3" color="red">如果您愿意的话也可以把图片带进来使用<br><img src="../gif/1.gif" border="0"></font></div>'
singleText[2]='<div align="center"><font face="Arial" size="3" color="red">当然可以根据您自己的需要再任意发挥<i>你</i>的<b>想象力</b></font></div>'
singleText[3]='<div align="center"><font face="Arial" size="3" color="red"><b>JavaScript网站</b><br>永远欢迎您</font></div>'
if(singleText.length>1)
   i=1
else
   i=0
function start()
{
   //IE浏览器
   if(document.all){
       ieslider1.style.top=sheight
       iemarquee(ieslider1)
   }
```

```
//NN 网景浏览器
else if(document.layers){
    document.ns4slider.document.ns4slider1.top=sheight
    document.ns4slider.document.ns4slider1.visibility="show"
    ns4marquee(document.ns4slider.document.ns4slider1)
}
else if(document.getElementById&&!document.all){
    document.getElementById("ns6slider1").style.top=sheight
    ns6marquee(document.getElementById("ns6slider1"))
}
}
//定义文字滚动效果的函数
function iemarquee(whichdiv)
{//利用 eval()函数计算
    iediv=eval(whichdiv)
    if(iediv.style.pixelTop>0&&iediv.style.pixelTop<=sspeed){
        iediv.style.pixelTop=0
        setTimeout("iemarquee(iediv)",100)
    }
    if(iediv.style.pixelTop>=sheight*-1){
        iediv.style.pixelTop-=sspeed
        setTimeout("iemarquee(iediv)",100)
    }
    else{
        iediv.style.pixelTop=sheight
        iediv.innerHTML=singleText[i]
    if(i==singleText.length-1)
        i=0
    else
        i++
    }
}
function ns4marquee(whichlayer)
{   ns4layer=eval(whichlayer)
    if(ns4layer.top>0&&ns4layer.top<=sspeed){
        ns4layer.top=0
        setTimeout("ns4marquee(ns4layer)",100)
    }
```

```javascript
    if(ns4layer.top>=sheight*-1){
        ns4layer.top-=sspeed
        setTimeout("ns4marquee(ns4layer)",100)
    }
    else{
        ns4layer.top=sheight
        ns4layer.document.write(singleText[i])
        ns4layer.document.close()
        if(i==singleText.length-1)
            i=0
        else
            i++
    }
}
function ns6marquee(whichdiv){
    ns6div=eval(whichdiv)
    //用函数 parseInt()转换为整数
    if(parseInt(ns6div.style.top)>0&&parseInt(ns6div.style.top)<=sspeed){
        ns6div.style.top=0
        setTimeout("ns6marquee(ns6div)",100)
    }
    if(parseInt(ns6div.style.top)>=sheight*-1){
        ns6div.style.top=parseInt(ns6div.style.top)-sspeed
        setTimeout("ns6marquee(ns6div)",100)
    }
    else{
        ns6div.style.top=sheight
        ns6div.innerHTML=singleText[i]
        if(i==singleText.length-1)
            i=0
        else
            i++
    }
}
// End -->
</script>
```

```html
</head>
<body onLoad="start()">
<div align="center">
<span style="borderWidth:1; borderColor:red; width:350; height:72; background:FFFFCC">
<!--针对网景浏览器-->
<ilayer id="ns4slider" width="&{swidth};" height="&{sheight};">
<layer id="ns4slider1" height="&{sheight};" onmouseover="sspeed=0;" onmouseout="sspeed=2">
<script language="JavaScript">
if(document.layers)
    document.write(singleText[0])
</script>
</layer></ilayer>
<script language="JavaScript">
//针对IE浏览器
if(document.all){
    document.writeln('<div style="position:relative;overflow:hidden;
    width:'+swidth+';height:'+sheight+';clip:rect(0 '+swidth+' '+sheight+' 0);
    border:1 solid red;" onmouseover="sspeed=0;" onmouseout="sspeed=2">');
    document.writeln('<div id="ieslider1" style="position:relative; width:'+swidth+';">');
    document.write(singleText[0]);
    document.writeln('</div></div>');
}
if(document.getElementById&&!document.all){
    document.writeln('<div style="position:relative;overflow:hidden;
    width:'+swidth+';height:'+sheight+';clip:rect(0 '+swidth+' '+sheight+' 0);
    border:1px solid red;" onmouseover="sspeed=0;" onmouseout="sspeed=2">');
    document.writeln('<div id="ns6slider1" style="position:relative; width:'+swidth+';">');
    document.write(singleText[0]);
    document.writeln("</div></div>");
}
</script>
</span>
</div>
</body>
</html>
```

6.重点代码分析

(1)公告信息条目的定义,例如:

singleText[0]='<div align="center"><font face="Arial" size="3" color="red"><b>公告栏</b>

这里可以使用超链接<b><a href="http://dynamicdrive.com/">JavaScript 网页特效</a></b></font></div>'

除了定义在层中显示内容外,还包括显示格式要求。同时还定义了超级链接及其网址。

(2)在定义文字滚动效果函数 iemarquee(whichdiv)内,由于函数使用了参数 whichdiv,在其中定义了如下语句:

iediv=eval(whichdiv)

即通过 eval()函数对参量返回字符串表达式中的值。后面还使用了 parseInt()函数,将其中的值转换为整数。

(3)在函数 iemarquee()内,语句 iediv.style.pixelTop-=sspeed 定义了信息条向上滚动的坐标变化。

(4)在主体部分的脚本程序中,完成动态地创建文字显示的层及其 id 属性等。

document.writeln('<div style="position:relative;overflow:hidden;width:'+swidth+';height:'+sheight+';clip:rect(0 '+swidth+' '+sheight+' 0);border:1 solid red;" onmouseover="sspeed=0;" onmouseout="sspeed=2">');
　　document.writeln('<div id="ieslider1" style="position:relative; width:'+swidth+';">');
　　document.write(singleText[0]);
　　document.writeln("</div></div>");

其中,下列代码为鼠标指向和移开广告区域的滚动设置。鼠标指向时信息条目将停止,鼠标移开时信息条目将滚动。

onmouseover="sspeed=0;" onmouseout="sspeed=2"

(5)在主体标签中调用函数 start(),即:<body onLoad="start()">

第 6 章 时间应用

在页面上经常见到各种时间和计时效果的显示,如数字时钟、指针时钟、计时时钟、倒影时钟、图片格式时钟等。本章介绍一些与时间显示相关的应用。

6.1 日期时间显示

6.1.1 日期与数字时钟

1.实例效果

在网页文档区域显示年、月、日、星期、时、分、秒,如图 6.1 所示。

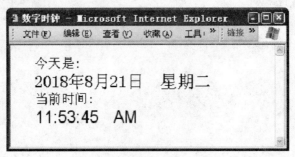

图 6.1 日期与数字时钟效果

2.任务要求

在网页文档区域显示日期和时间。要求:第一行显示文字"今天是:";第二行显示年、月、日和星期;第三行显示文字"当前时间:";第四行显示时、分、秒和上午或下午。

3.程序设计思路

凡是显示日期和时间等,首先要想到创建一个 Date 对象的实例;

使用该实例的相应方法获取相应数值。如 getHours()方法获取年的数值、getMinutes()方法获取分钟的数值等。

获取所有值并显示出来,同时用 setTimeOut()递归函数每 1000 毫秒刷新一次,即可获得动态数值。

4.技术要点

(1)创建日期时间对象 Date 的实例。例如：

myTime=new Date();

(2)对于日期中显示的中文月份和星期,则使用数组对象 Array()定义,然后将具体数值与数组实例元素对应,找到要显示的文字。例如：

var dayArray=new Array("星期日""星期一""星期二""星期三""星期四""星期五""星期六");

在数组实例中找到对应的元素,即当前星期的值:dayArray[myTime.getDay()];

(3)对于前面获取的各个数值,如何显示在网页画面中呢？

一般来讲,可以考虑通过以下对象将其显示出来。如:文本框、div 层元素、span 块元素等,可以对所显示内容进行定时刷新,使其动态改变。

本例中利用<span> </span>标记定义一个块。例如：

<span id="DT" style="position:avsolute;left=35px;top=15px"></span>

在试图利用块元素显示时,要用到 HTML 中的 innerHtml 属性。其格式为:tag.innerHtml=str;即将标签 tag 的内部值设为 str。

涉及时间间隔就要想到用 setTimeOut()递归函数。

5.程序代码编写

```
<!DOCTYPE html>
<html>
<head>
  <title>数字时钟</title>
  <meta http-equiv="Content-Type" content="text/html; charset=gb2312">
  <META NAME="liyuncheng" CONTENT="Email:yunchengli@sina.com">
</head>
<script language="JavaScript">
<!--
function showTime()
{
    myTime=new Date();
    var monthArray=new Array("1月""2月""3月""4月""5月""6月""7月""8月""9月""10月""11月"
                    "12月");
    var dayArray=new Array("星期日""星期一""星期二""星期三""星期四""星期五""星期六");
    year=myTime.getFullYear();
    date=myTime.getDate();
    hours=myTime.getHours();
    minutes=myTime.getMinutes();
    seconds=myTime.getSeconds();
```

```
        suf="AM";
        if(hours>12)
        { suf="PM";
          hours=hours-12;
        }
    if(hours==0)
        hours=12;
    if(minutes<=9)
        minutes="0"+minutes;
    if(seconds<=9)
        seconds="0"+seconds;
    theTime="<font size=2>今天是:</font><br><font size=4>"+year+"年"+
    monthArray[myTime.getMonth()]+date+"日"+"   "+dayArray[myTime.getDay()]+
    "</font><br><font size=2>当前时间:</font>"+"<br><font size=4 face=Arial>"+
    hours+":"+minutes+":"+seconds+"     "+suf+"</font>";
    DT.innerHTML=theTime;
    setTimeout("showTime()",1000);
    }
    -->
</script>
<body onload="showTime()">
<span id="DT" style="position:absolute;left=35px;top=15px"></span>
</body>
</html>
```

6.1.2 任务拓展1：以日历格式显示日期与时间

1.实例效果

在网页文档区域以日历格式显示日期和时间。如图 6.2 所示。

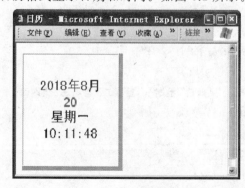

图 6.2 日历格式显示效果

2.任务要求

在网页文档区域内的特定位置,以日历格式显示日期和时间。包括:年、月、日、星期和数字时钟。其中年月显示在第一行并以蓝色呈现;日显示在第二行且颜色为红色;第三行显示星期并以蓝色呈现;第四行显示数字时钟且以深蓝色呈现;当日期为星期六和星期日时分别将所有日期文字以绿色和红色呈现。

3.程序设计思路

首先通过日期时间对象 Date 定义一个实例。然后,使用相应的方法 getFullYear()、getMonth()、getDate()、getDay(),分别获取当前日期的年、月、日和星期。

其次,考虑将日历的日期在星期六或星期日时,分别以绿色或红色显示。例如程序代码编写为:

```
if(now.getDay()==0)cl='<font color="#C00000">';
if(now.getDay()==6)cl='<font color="#00C000">';
return(cl+now.getDate()+"</font>");
```

再通过利用时、分、秒的相应方法获取其数字时钟的值。

最后,以日历格式显示的关键,就是将日期和时间写入表格单元格中显示出来。涉及如何定位每个单元格,用到表格的 id 属性值和对应的行和列等。使用定时器对函数进行刷新,每秒钟变化一次,实现数字时钟效果。

4.技术要点

(1)获取日期的各个数值,与前面方法相同。

(2)本例用到了一些自定义函数。

(3)要显示文档中内容,使用 document.write()方法生成 HTML 表格格式的代码并在文档区域显示出来。在具体呈现内容时用到 HTML 中的 innerHtml 属性。

(4)涉及时间间隔时,就要想到用 setInterval()递归函数。

5.程序代码编写

```
<!DOCTYPE html>
<html>
<head>
  <title>日历</title>
  <meta http-equiv="Content-Type" content="text/html; charset=gb2312">
  <META NAME="liyuncheng" CONTENT="email:yunchengli@ sina.com">
</head>
<body>
<script language=JavaScript>
function Year_Month(){
  var now=new Date();
  var yy=now.getFullYear();
  var mm=now.getMonth()+1;
  var cl="<font color="#0000DF">";
```

```javascript
        if(now.getDay()==0)cl="<font color=\"#C00000\">";
        if(now.getDay()==6)cl='<font color="#00C000">';
        return(cl+yy+"年"+mm+"月</font>");
    }
    function Date_of_Today(){
        var now=new Date();
        var cl="<font color=\"#FF0000\">";
        if(now.getDay()==0)cl="<font color=\"#C00000\">";
        if(now.getDay()==6)cl="<font color=\"#00C000\">";
        return(cl+now.getDate()+"</font>");
    }
    function Day_of_Today(){
        var day=new Array();
        day[0]="星期日";
        day[1]="星期一";
        day[2]="星期二";
        day[3]="星期三";
        day[4]="星期四";
        day[5]="星期五";
        day[6]="星期六";
        var now=new Date();
        var cl="<font color=\"#0000DF\">";
        if(now.getDay()==0)cl="<font color=\"#C00000\">";
        if(now.getDay()==6)cl="<font color=\"#00C000\">";
        return(cl+day[now.getDay()]+"</font>");
    }
    function CurrentTime(){
        var now=new Date();
        var hh=now.getHours();
        var mm=now.getMinutes();
        var ss=now.getTime()%60000;
        ss=(ss-(ss%1000))/1000;
        var clock=hh+":";
        if(mm<10)clock+="0";
        clock+=mm+":";
        if(ss<10)clock+="0";
        clock+=ss;
        return(clock);
    }
```

```
function refreshCalendarClock(){
    document.all.calendarClock1.innerHTML=Year_Month();
    document.all.calendarClock2.innerHTML=Date_of_Today();
    document.all.calendarClock3.innerHTML=Day_of_Today();
    document.all.calendarClock4.innerHTML=CurrentTime();
}
document.write('<table border="0" cellpadding="0" cellspacing="0"><tr><td>');
document.write('<table id="CalendarClockFreeCode" border="0" cellpadding="0" cellspacing="0" width="60" height="70"');
document.write('style="position:absolute;visibility:hidden" bgcolor="#EEEEEE">');
document.write('<tr><td align="center"><font ');
document.write('style="cursor:hand;color:#FF0000;font-family:宋体;font-size:14pt;line-height:120%"');
document.write('</td></tr><tr><td align="center"><font ');
document.write('style="cursor:hand;color:#2000FF;font-family:宋体;font-size:9pt;line-height:110%"');
document.write("</td></tr></table>");
document.write('<table border="0" cellpadding="0" cellspacing="0" width="61" bgcolor="#C0C0C0" height="70">');
document.write('<tr><td valign="top" width="100%" height="100%">');
document.write('<table border="1" cellpadding="0" cellspacing="0" width="58" bgcolor="#FEFEEF" height="67">');
document.write('<tr><td align="center" width="100%" height="100%">');
document.write('<font id="calendarClock1" style="font-family:宋体;font-size:7pt;line-height:120%"></font><br>');
document.write('<font id="calendarClock2" style="color:#FF0000;font-family:Arial;font-size:14pt;line-height:120%"></font><br>');
document.write('<font id="calendarClock3" style="font-family:宋体;font-size:9pt;line-height:120%"></font><br>');
document.write('<font id="calendarClock4" style="color:#100080;font-family:宋体;font-size:8pt;line-height:120%"><b></b></font>');
document.write("</td></tr></table>");
document.write("</td></tr></table>");
document.write("</td></tr></table>");
setInterval("refreshCalendarClock()",1000);
</script>
</body>
</html>
```

6.1.3 任务拓展 2：全中文日期显示

1.实例展示

在页面文档区域表格中显示全中文格式的日期。如图 6.3 所示。

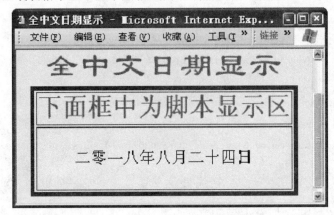

图 6.3 全中文日期显示效果

2.任务要求

在页面文档区域呈现：全中文日期显示，并在下面表格中第一行显示文字，第二行显示日期。注意文字用红色、日期用黑色显示。

3.程序代码编写

```
<!DOCTYPE html>
<html>
<head>
<title>全中文日期显示</title>
<meta http-equiv="Content-Type" content="text/html; charset=gb2312">
<META NAME="liyuncheng" CONTENT="email:yunchengli@ sina.com">
</head>
<body bgcolor="#FEF4D9">
<br>
<br>
<center><font color=red face="隶书" size=6>全中文日期显示</font></center>
<center>
<table border=5 bordercolor=blue borderlight=green>
<tr><td align=center><font size=5 color=red face="Arial, Helvetica, sans-serif">
<strong>下面框中为脚本显示区</strong></font></td></tr>
<tr><td align=center height=80>
<script language="JavaScript">
//将月日值转换为中文表示
```

```
function number(index1){
    var numberstring="一二三四五六七八九十";
    if(index1==0){document.write("十")}
    if(index1<10){
        document.write(numberstring.substring(0+(index1-1),index1))}
    else if(index1<20){
        document.write("十"+numberstring.substring(0+(index1-11),(index1-10)))}
    else if(index1<30){
        document.write("二十"+numberstring.substring(0+(index1-21),(index1-20)))}
    else{
        document.write("三十"+numberstring.substring(0+(index1-31),(index1-30)))}
}
var today1=new Date()
var year=today1.getFullYear()
var month=today1.getMonth()+1
var date=today1.getDate()
var day=today1.getDay()
//将年的数字表示转换为中文表示
function chineseYear(){
    var num=new Array("零","一","二","三","四","五","六","七","八","九");
    str=String(year);
    //年数字分别对应的中文表示
    y1=num[str.charAt(0)]
    y2=num[str.charAt(1)]
    y3=num[str.charAt(2)]
    y4=num[str.charAt(3)]
    document.write(y1+y2+y3+y4);
}
//显示最后结果
chineseYear()
document.write("年")
number(month)
document.write("月")
number(date)
document.write("日")
</script>
</td></tr></table></center>
</body>
</html>
```

6.2 网页中时钟动态效果

6.2.1 网页中图像时钟动态效果

1.实例效果

在网页文档区域显示年、月、日和时、分、秒等的动态效果。如图6.4所示。

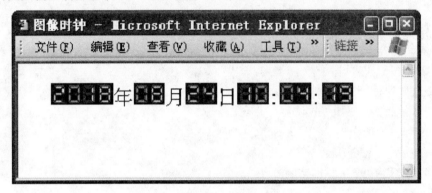

图6.4 图像时钟效果

2.任务要求

在网页文档区域使用图像数字来替代相应数字,显示年、月、日和时、分、秒等。注意在单位数字的月、日、时、分和秒前,添加数字0,使得这些数据以两位数字呈现。

3.程序设计思路

其设计思路与前一例相同。只是将原来的数字与包含相应图像文件的数组元素一一对应,然后利用所创建的图像对象将图像文件显示出来。

4.技术要点

(1)对于前面获取的各个数值,如何显示在网页画面中呢?

首先要利用图像标记创建图像对象。

例如:<img id="IMG0">,要显示几个图像就要创建几个对象。

(2)定义数组元素为图像对象的数组 imageArray。即:

var imageArray=new Array(10);
for(i=0;i<10;i++)
imageArray[i]=new Image();
//将数组元素定义为图像对象,用于连接图片文件,即 imageArray[0].src="0.gif";

(3)为要显示的图片定位,例如:

IMG0.src=imageArray[theString.charAt(0)].src;

(4)涉及时间间隔时,就要想到用 setTimeOut() 递归函数。

5.程序代码编写

```
<!DOCTYPE html>
<html>
<head>
<title>图像时钟</title>
<meta http-equiv="Content-Type" content="text/html; charset=gb2312">
<META NAME="liyuncheng" CONTENT="email:yunchengli@sina.com">
</head>
<script language="JavaScript">
<!--
function showImg(){
  myTime=new Date();
  var imageArray=new Array(10);
  for(i=0;i<10;i++)
      imageArray[i]=new Image();
  imageArray[0].src="0.gif";
  imageArray[1].src="1.gif";
  imageArray[2].src="2.gif";
  imageArray[3].src="3.gif";
  imageArray[4].src="4.gif";
  imageArray[5].src="5.gif";
  imageArray[6].src="6.gif";
  imageArray[7].src="7.gif";
  imageArray[8].src="8.gif";
  imageArray[9].src="9.gif";
  year=myTime.getFullYear();
  month=myTime.getMonth()+1;
  date=myTime.getDate();
  hours=myTime.getHours();
  minutes=myTime.getMinutes();
  seconds=myTime.getSeconds();
  if(year<100)
     year="19"+year;
  if(month<10)
     month="0"+month;
  if(date<10)
     date="0"+date;
```

```
        if(hours<=9)
            hours="0"+hours;
        if(minutes<=9)
            minutes="0"+minutes;
        if(seconds<=9)
            seconds="0"+seconds;
        theString=""+year+month+date+hours+minutes+seconds;
        //为相应图片位指定相应图片
        IMG0.src=imageArray[theString.charAt(0)].src;
        IMG1.src=imageArray[theString.charAt(1)].src;
        IMG2.src=imageArray[theString.charAt(2)].src;
        IMG3.src=imageArray[theString.charAt(3)].src;
        IMG4.src=imageArray[theString.charAt(4)].src;
        IMG5.src=imageArray[theString.charAt(5)].src;
        IMG6.src=imageArray[theString.charAt(6)].src;
        IMG7.src=imageArray[theString.charAt(7)].src;
        IMG8.src=imageArray[theString.charAt(8)].src;
        IMG9.src=imageArray[theString.charAt(9)].src;
        IMG10.src=imageArray[theString.charAt(10)].src;
        IMG11.src=imageArray[theString.charAt(11)].src;
        IMG12.src=imageArray[theString.charAt(12)].src;
        IMG13.src=imageArray[theString.charAt(13)].src;
        setTimeout("showImg()",1000);
    }
-->
</script>
<body onload="showImg()" leftmargin="35px" topmargin="20">
<img id="IMG0"><img id="IMG1"><img id="IMG2"><img id="IMG3">年<img id="IMG4"><img id="IMG5">月<img id="IMG6"><img id="IMG7">日<img id="IMG8"><img id="IMG9"><img id="IMG10"><img id="IMG11"><img id="IMG12"><img id="IMG13">
</body>
</html>
```

6.2.2 网页中带有倒影的时钟动态效果

1. 实例效果

在网页文档区域显示年、月、日、星期几、时、分、秒等,同时显示其倒影效果。如图6.5所示。

图 6.5 倒影时钟效果

2.程序设计思路
时间显示设计思路与前面相同。
这里主要是讲如何将文字的倒影显示出来。要通过 IE 所提供的可视效果滤镜来实现。

3.技术要点
(1)IE 提供的滤镜效果。其中：Alpha 滤镜可以生成透明或产生渐变效果，含有多个参数(Opacity 是设置不透明度的数值，取值为 0～100)。FlipV 滤镜可以生成垂直翻转效果。
(2)滤镜的应用方法。其语法为：style="filter:filterName(para1, para2,…)"
(3)为要显示图片定位，例如：IMG0.src=imageArray[theString.charAt(0)].src;
(4)涉及时间间隔就要想到用 setTimeOut()递归函数。

4.程序实现

```
<!DOCTYPE html>
<html>
<head>
<title>倒影时钟</title>
<meta http-equiv="Content-Type" content="text/html; charset=gb2312">
<META NAME="liyuncheng" CONTENT="email:yunchengli@sina.com">
<head>
<script language=JavaScript>
<!--
function initial(){
    //确定倒影的位置
    time2.style.left=time1.style.posLeft;
    time2.style.top=time1.style.posTop+time1.offsetHeight+13;
    setTimes();
}
```

```
function setTimes(){
    var myTime=new Date();
    year=myTime.getFullYear();
    month=myTime.getMonth()+1;
    date=myTime.getDate();
    hours=myTime.getHours();
    minutes=myTime.getMinutes();
    seconds=myTime.getSeconds();
    if(year<100)
        year="19"+year;
    if(month<10)
        month="0"+month;
    if(date<10)
        date="0"+date;
    if(hours<10)
        hours="0"+hours;
    if(minutes<10)
        minutes="0"+minutes;
    if (seconds<10)
        seconds="0"+seconds;
    time1.innerHTML="<font size=13px >"+year+" "+month+" "+date+" "+hours+":"+minutes+":"+seconds+"</font>";
    time2.innerHTML="<font size=13px >"+year+" "+month+" "+date+" "+hours+":"+minutes+":"+seconds+"</font>";
    setTimeout("setTimes()",1000);
}
-->
</script>
</head>
<body onload="initial()">
<span id="time1" style="position:absolute;left:40px;top:30px;"></span>
<span id="time2" style="filter:FlipV Alpha(Opacity=30); font-style:italic; position:absolute"></span>
</body>
</html>
```

6.2.3 网页中指针时钟动态效果

1.实例效果

在页面文档区域显示指针时钟。如图6.6所示。

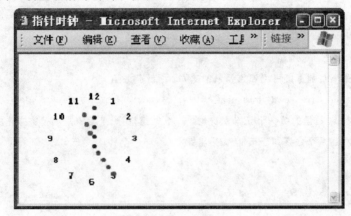

图6.6 指针时钟效果

2.任务要求

如图6.6所示,时钟表盘用数字表示,时针用三个红色点代表直线,分针用四个绿色点代表直线,秒针用五个蓝色点代表直线。

3.程序设计思路

将指针时钟的各个部分通过使用页面上的层显示出来。通过数学对象 Math 来绘制动态变化的指针。

4.技术要点

(1)在页面定义生成时钟表盘和时、分、秒直线的层。

(2)在绘制指针时用到了数学对象 Math 的属性。如 Math.PI、Math.cos()、Math.sin()等。显示的数字和绘制的指针显示在页面不同的层对象中。

5.程序代码编写

```
<! DOCTYPE html>
<html>
<head>
<title>指针时钟</title>
<meta http-equiv="Content-Type" content="text/html; charset=gb2312">
<META NAME="liyuncheng" CONTENT="email:yunchengli@sina.com">
<script language="JavaScript">
<! --
pX=100;              //时钟中心的 X 坐标
pY=100;              //时钟中心的 Y 坐标
```

```
obs=new Array(13)              //表示时针、分针、秒针各点的层
function ob()
{//将各层以数组表示
for(i=0; i<13; i++)
    {if(document.all)
        //如果是IE,则以各指针层的style为元素创建数组
        obs[i]=new Array(eval("ob"+i).style,-100,-100)
    else
        //如果是NS,则直接将层作为元素创建obs指针点数组
        obs[i]=new Array(eval("document.ob"+i),-100,-100)
        /*注意obj数组的每一个元素本身也是一个数组,第一个元素是准备被操作的
            对象,后两个数字用于存储X,Y坐标*/
    }
}
function cl(a,b,c)
{ //这个函数用于排列表示12个时间点的数字
if(document.all)
    {//如果是IE
    if(a!=0)b+=-1              //根据IE的显示特性修正X坐标
    //改变指定元素(以c加数字为ID的层)的Y坐标
    eval("c"+a+".style.pixelTop="+(pY+(c)));
    //改变X坐标,这两行用于排列1到12点的数字
    eval("c"+a+".style.pixelLeft="+(pX+(b)));
    }
else{                          //如果不是IE
    if(a!=0)b+=10              //根据NS的显示特性修正X坐标
    //以NS兼容方式改变数字的Y坐标
    eval("document.c"+a+".top="+(pY+(c)));
    //以NS兼容方式改变数字的X坐标
    eval("document.c"+a+".left="+(pX+(b)));
    }
if(document.all)
    c0.style.pixelLeft=26;
}
function updateclock()
{//根据计算出的每个点的X、Y坐标值改变其位置
for(i=0; i<13; i++)
    {
```

```
            //obs[x][1]、obs[x][2]存放的就是 X、Y 坐标
            obs[i][0].left=obs[i][1]+pX;
            //通过 left 和 top 两个属性改变层的位置
            obs[i][0].top=obs[i][2]+pY;
        }
}
var lastsec //上次计时的秒数,用于比较判断两次执行之间的时间是否改变
function timer()
{
time=new Date()//取当前时间
sec=time.getSeconds()//取秒数
if(sec!=lastsec)
    {   //如果时间改变
        lastsec=sec//记录当前时间(用于下一次比较改变的情况)
        sec=Math.PI*sec/30//计算秒针的角度(以弧度表示)
        //计算分针的角度(以弧度表示)
        min=Math.PI*time.getMinutes()/30;
        hr=Math.PI*((time.getHours()*60)+time.getMinutes())/360
        for(i=1;i<6;i++)
            {   //计算秒针各点的坐标
                //计算秒针 X 坐标
                obs[i][1]=Math.sin(sec)*(44-(i-1)*11)-16;
                //如果是 NS,则需要修正其 X 坐标,使其正常显示
                if(document.layers)obs[i][1]+=10;
                    //计算秒针 Y 坐标
                obs[i][2]=-Math.cos(sec)*(44-(i-1)*11)-27;
            }
        for(i=6;i<10;i++)
            {   //计算分针各点的坐标
                //计算分针 X 坐标
                obs[i][1]=Math.sin(min)*(40-(i-6)*10)-16;
                if(document.layers)obs[i][1]+=10;//修正 X 坐标
                    //计算分针 Y 坐标
                obs[i][2]=-Math.cos(min)*(40-(i-6)*10)-27;
            }
        for(i=10;i<13;i++)
            {   //计算时针各点的坐标
```

```
            //计算时针 X 坐标
            obs[i][1]=Math.sin(hr)*(37-(i-10)*11)-16;
            if(document.layers)
              obs[i][1]+=10;           //修正 X 坐标
            //计算时针 Y 坐标
            obs[i][2]=-Math.cos(hr)*(37-(i-10)*11)-27;
          }
      }
}
function setNum()
{   //初始化表示 1 到 12 点刻度的数字,将其排列成一圈
      cl(0,67,65);//将改变坐标的工作写成 cl()函数,方便调用
      cl(1,10,-51);
      cl(2,28,-33);
      cl(3,35,-8);
      cl(4,28,17);
      cl(5,10,35);
      cl(6,-15,42);
      cl(7,-40,35);
      cl(8,-58,17);
      cl(9,-65,-8);
      cl(10,-58,-33);
      cl(11,-40,-51);
      cl(12,-16,-56);
}
-->
</script>
</head>
<body onLoad="ob(),setNum(),setInterval('timer()',100);setInterval('updateclock()',100)">
<!--
页面装入的时候调用 ob()、setNum()函数初始化各层的显示
用两个时钟(setInterval)分别进行点坐标的计算和显示。
-->
<div id="c0" style="position:absolute;right:6;top:6; z-index:2;">
</div>
<!--c1 到 c12 表示 1 到 12 点刻度的数字-->
<div id="c1" style="position:absolute;left:20;top:-20; z-index:5; font-size: 11px;">
```

```html
<b>1</b></div>
<div id="c2" style="position:absolute;left:20;top:-20; z-index:5; font-size:11px;">
<b>2</b></div>
<div id="c3" style="position:absolute;left:20;top:-20; z-index:5; font-size:11px;">
<b>3</b></div>
<div id="c4" style="position:absolute;left:20;top:-20; z-index:5; font-size:11px;">
<b>4</b></div>
<div id="c5" style="position:absolute;left:20;top:-20; z-index:5; font-size:11px;">
<b>5</b></div>
<div id="c6" style="position:absolute;left:20;top:-20; z-index:5; font-size:11px;">
<b>6</b></div>
<div id="c7" style="position:absolute;left:20;top:-20; z-index:5; font-size:11px;">
<b>7</b></div>
<div id="c8" style="position:absolute;left:20;top:-20; z-index:5; font-size:11px;">
<b>8</b></div>
<div id="c9" style="position:absolute;left:20;top:-20; z-index:5; font-size:11px;"><b>9</b></div>
<div id="c10" style="position:absolute;left:20;top:-20; z-index:5; font-size:11px;"><b>10</b></div>
<div id="c11" style="position:absolute;left:20;top:-20; z-index:5; font-size:11px;"><b>11</b></div>
<div id="c12" style="position:absolute;left:20;top:-20; z-index:5; font-size:11px;"><b>12</b></div>
<div id="ob0" style="position:absolute;left:-20;top:-20;z-index:1"> </div>
<!--ob1 到 ob5 为秒针的5个点-->
<div id="ob1" style="position:absolute;left:-20;top:-20;z-index:8">
<font size="+3" color="#0000FF"><b>.</b></font></div>
<div id="ob2" style="position:absolute;left:-20;top:-20;z-index:8">
<font size="+3" color="#0000FF"><b>.</b></font></div>
<div id="ob3" style="position:absolute;left:-20;top:-20;z-index:8">
<font size="+3" color="#0000FF"><b>.</b></font></div>
<div id="ob4" style="position:absolute;left:-20;top:-20;z-index:8">
<font size="+3" color="#0000FF"><b>.</b></font></div>
<div id="ob5" style="position:absolute;left:-20;top:-20;z-index:8">
<font size="+3" color="#0000FF"><b>.</b></font></div>
<!--ob6 到 ob9 为分针的4个点-->
<div id="ob6" style="position:absolute;left:-20;top:-20;z-index:7">
```

```
<font size="+3" color="#008000"><b>.</b></font></div>
<div id="ob7" style="position:absolute;left:-20;top:-20;z-index:7">
<font size="+3" color="#008000"><b>.</b></font></div>
<div id="ob8" style="position:absolute;left:-20;top:-20;z-index:7">
<font size="+3" color="#008000"><b>.</b></font></div>
<div id="ob9" style="position:absolute;left:-20;top:-20;z-index:7">
<font size="+3" color="#008000"><b>.</b></font></div>
<!--ob10 到 ob12 为时针的 3 个点-->
<div id="ob10" style="position:absolute;left:-20;top:-20;z-index:6">
<font size="+3" color="#F30000"><b>.</b></font></div>
<div id="ob11" style="position:absolute;left:-20;top:-20;z-index:6">
<font size="+3" color="#F30000"><b>.</b></font></div>
<div id="ob12" style="position:absolute;left:-20;top:-20;z-index:6">
<font size="+3" color="#F30000"><b>.</b></font></div>
</body>
</html>
```

6.3 特定日期计时

6.3.1 进入网页时间计时

1.实例效果

在页面显示用户进入网页的时间计时。如图 6.7 所示。

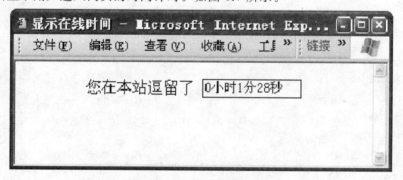

图 6.7 进入网页时间计时效果

2.程序设计思路及技术要点

(1)在页面创建一个层并显示一个文字表单,用于显示计时。

(2)分别定义计时秒、分和小时的初始变量,计时开始后先对秒进行计时,达到 60 后,重新置 0 并使分变量加 1。类似地记录小时变量。注意要启动 setTimeout("",1000)计时器,每隔 1000 毫秒,即 1 秒钟刷新一次。

（3）将计时变量显示在文字表单中即可显示出结果。注意利用表单的 id 及其 value 属性来显示文字信息。

3.程序代码编写

```html
<!DOCTYPE html>
<html>
<head>
<title>显示在线时间</title>
<meta http-equiv="Content-Type" content="text/html; charset=gb2312">
<META NAME="liyuncheng" CONTENT="email:yunchengli@sina.com">
</head>
<body>
<center>
<div align="center">
<p>您在本站逗留了
<input type="text" id="input1" size="13" style="border：1 solid ♯000000">
</div>
</center>
<script language="JavaScript">
<!--
var sec=0;   //计时秒的初始变量
var min=0;   //计时分的初始变量
var hou=0;   //计时小时的初始变量
var msglist=new Array()
msglist[0]="最后一条弹出的消息"
msglist[1]="本站会不断更新,希望您能够经常浏览。"
//这里可以继续追加信息
flag=msglist.length;        //计算需显示的条目数
idt=window.setTimeout("updatedisplay();",1000);//设定改变显示的计时器
function updatedisplay(){
    sec++;                  //秒数加 1
    if(sec==60){            //若满 1 分钟
        sec=0;              //秒数恢复到 0
        min+=1;             //分钟数加 1
    }
    if(min==60){
        min=0;
        hou+=1;
    }
    if((sec==59)&&(flag>0)){
```

                alert(msglist[flag-1]);   //弹出信息
                flag--;   //获取下一条弹出信息
            }
            input1.value=hou+"小时"+min+"分"+sec+"秒";   //显示时间
            idt=window.setTimeout("updatedisplay();",1000);
        }
        -->
    </script>
</body>
</html>

6.3.2 倒计时天数

1.实例效果

在页面中显示2022年2月4日北京冬奥会开幕倒计时天数。如图6.8所示。

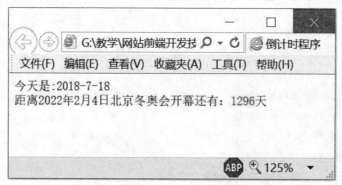

图6.8 倒计时天数效果

2.任务要求

在页面文档区域显示"今天是:年-月-日",然后显示"距离2022年2月4日北京冬奥会开幕还有:×天"。如图6.8所示格式效果。

3.程序设计思路及技术要点

(1)获取当前日期的年、月、日,并显示在页面文档区域。

(2)将开幕日期2022年2月4日与当前日期的年、月和日进行比较,计算出剩余天数,然后将其显示在文档区域。

(3)注意判断是否已经过期,若已经过期,给出提示信息。

4.程序代码编写

<!DOCTYPE html>
<html>
<head>
<title>倒计时程序</title>

```
<meta http-equiv="Content-Type" content="text/html; charset=gb2312">
<META NAME="generator"CONTENT="editplus">
<META NAME="liyuncheng" CONTENT="email:yunchengli@sina.com">
</head>
<body>
<script language="JavaScript">
//第一部分,获取当前日期
var date=new Date();
var year=date.getFullYear();
var month=date.getMonth();
var day=date.getDate();
document.write("今天是:",year,"－",month+1,"－",day,"</font><br>");//显示当前日期
//定义北京冬奥会的时间为2022年2月4日
var defineYear=2022－year－1;
var days=0;
//第二部分,进行剩余年和月数比较并显示
if(2022－year>=0)    var yearDays=defineYear*365;
if(month+1==3)       var days=31*7+30*4+4－day;//不同月份剩余天数
if(month+1==4)       var days=31*6+30*4+4－day;
if(month+1==5)       var days=31*6+30*3+4－day;
if(month+1==6)       var days=31*5+30*3+4－day;
if(month+1==7)       var days=31*5+30*2+4－day;
if(month+1==8)       var days=31*4+30*2+4－day;
if(month+1==9)       var days=31*3+30*2+4－day;
if(month+1==10)      var days=31*3+30+4－day;
if(month+1==11)      var days=31*2+30+4－day;
if(month+1==12)      var days=31*2+4－day;
if(month+1==1)       var days=31+4－day;
if(month+1==2)       var days=4－day;
//剩余天数
days=yearDays+days
//判断是否过期
if((month+1>=2)&&(days<0)){
    document.write("已经过去了？该更新网页了吧!");
    days="已经过去了"+(－days);
}
document.write("距离2022年2月4日北京冬奥会开幕还有:<font color=red>",days,"</font>天");
</script>
</body>
</html>
```

6.3.3 倒计时时钟

1.实例效果

在页面中显示国庆节倒计时秒数的效果。如图 6.9 所示。

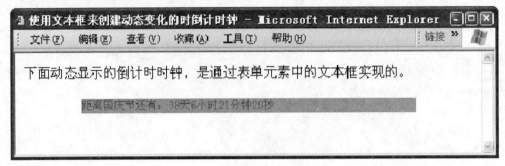

图 6.9 倒计时时钟的效果

2.程序代码编写

```
<!DOCTYPE html>
<html>
<head>
<title>使用文本框来创建动态变化的倒计时时钟</title>
<meta http-equiv="Content-Type" content="text/html; charset=gb2312">
<META NAME="liyuncheng" CONTENT="email:yunchengli@sina.com">
</head>
<body onload="showtime()">下面动态显示的倒计时时钟,是通过表单元素中的文本框实现的。
<br>
<script language="JavaScript">
var timenum=null;
var timeon=false;
//以下两个函数用于检查时钟的状态,并调用showtime()函数显示时间
function stopclock(){
    if(timeon)
        clearTimeout(timenum);
    timeon=false;
}
function startclock(){
    stoptime();
    showtime();
}
function showtime(){
```

```
var date=new Date();
var year=date.getFullYear();
var month=date.getMonth();
var day=date.getDate();
var hours=date.getHours();
var mins=date.getMinutes();
var secs=date.getSeconds();
var hours_minus=23-hours;//倒计剩余几小时
var mins_minus=59-mins; //倒计剩余几分钟
var secs_minus=59-secs; //倒计剩余几秒钟
if(month+1==1)    var days=28+31*5+30*3+1-day;
if(month+1==2)    var days=28+31*4+30*3+1-day;
if(month+1==3)    var days=31*4+30*3+1-day;
if(month+1==4)    var days=31*3+30*3+1-day;
if(month+1==5)    var days=31*3+30*2+1-day;
if(month+1==6)    var days=31*2+30*2+1-day;
if(month+1==7)    var days=31*2+30+1-day;
if(month+1==8)    var days=31+30+1-day;
if(month+1==9)    var days=30+1-day;
if(month+1==10){
    var days=1-day;
    if(days>0)document.clock.face.value="国庆节已经过去了,您错过了!";
}
if(month+1>10)document.clock.face.value="国庆节已经过去了,您错过了!";
var minus="距离国庆节还有:"+days+"天"+hours_minus+"小时"+mins_minus+"分钟"+secs_minus+"秒";
document.clock.face.value=minus;//将要显示的信息赋给文本框的 value 属性
timenum=setTimeout("showtime()",1000);
timeon=true;
}
</script>
<form name="clock">
<p align="center"><input
style="border-right: 0px; border-top: 0px; border-left: 0px; color: #FF0000; border-bottom: 0px; background-color: #AABBFF" size=56 name=face>
</p>
</form>
</body>
</html>
```

6.3.4 生日提示信息

1. 实例效果

在页面文档区域显示生日提示信息。如图 6.10 所示。

图 6.10 生日提示信息

2. 程序设计思路及技术要点

（1）将特定人群的生日日期、人名及电话等，用数组元素来代表。

（2）获取当前日期并与特定日期进行比较，在生日当天、生日前两天或生日后两天则分别在页面显示提示信息。

3. 程序代码编写

```
<!DOCTYPE html>
<html>
<head>
<title>生日提示</title>
<meta http-equiv="Content-Type" content="text/html; charset=gb2312">
<META NAME="liyuncheng" CONTENT="email:yunchengli@sina.com">
<script language="JavaScript">
dateArray=new Array("0614""0605""1230""1007""1027""1008""0106""0825""0922");
nameArray=new Array("李晓飞""于泳涛""王晓明""张时光""关颖""姜吉胜""孙美美""李宾""宋文广");
genderArray=new Array(1,1,2,2,2,1,2,1,1);//记录性别数组,1 为男性,2 为女性
teleArray=new Array("82310432","65982022","12345678","62345432","8065392","96308642","56781234","87661345""7123456");
Date1=new Date();
month1=Date1.getMonth()+1;
if(month1>=10)
    { var MonthString=month1.toString();
    }
else
    MonthString="0"+month1;
date1=Date1.getDate()-1;
date2=Date1.getDate()-2;
```

```
date3=Date1.getDate()+1;
date4=Date1.getDate()+2;
var DateString1=MonthString+Date1.getDate();
var DateString2=MonthString+date1;
var DateString3=MonthString+date2;
var DateString4=MonthString+date3;
var DateString5=MonthString+date4;
string_array=new Array(DateString1,DateString2,DateString3,DateString4,DateString5);
for(i=0;i<=8;i++)
    {for(j=0;j<=8;j++)
      {if(string_array[i]==dateArray[j])
        { var sname=nameArray[j];//在生日姓名记录数组中找到姓名
          k=i;              //用 k 记录当前日期数组的 i 值
                //通过生日数组的下标值,到记录性别数组和电话数组中分别找到性别值和电话
          var k1=genderArray[j];
          var k2=teleArray[j];
        }
      }
    }
if(k1==1)
    { var gender="他";
    }
if(k1==2)
    { var gender="她";
    }
//显示生日信息
if(k==0)
    {document.write ("<font face=arial color=006600>   你知道吗？今天
                是",sname,"的生日。大家不要忘了打个<br>电话问候一下呀!",gender,"的电
                话号码是:",k2);
    }
if(k==1)
    { document.write ("<font face=arial color=006600>   你知道吗？昨天
                是",sname,"的生日。大家不要忘了关照<br>一下呀!");
    }
if(k==2)
    { document.write ("<font face=arial color=006600>   你知道吗？前天
                是",sname,"的生日。大家不要忘了关照<br>一下呀!");
    }
```

```
        if(k==3)
            { document.write ("<font face=arial color=006600>   你知道吗？明天
                    是",sname,"的生日。大家不要忘了给<br>",gender,"发贺卡，或者打电话
                    呀!",gender,"的电话号码是:",k2);
            }
        if(k==4)
            { document.write ("<font face=arial color=006600>   你知道吗？后天
                    是",sname,"的生日。大家不要忘了给<br>",gender,"发贺卡，或者打电话
                    呀!",gender,"的电话号码是:",k2);
            }
        else
            k=5;
</script>
</head>
<body>
</body>
</html>
```

第 7 章 动态广告

网页中存在大量变化或切换的信息,这些变化或切换主要以各种文字和图片广告形式出现。广告信息展示是互联网中非常重要的应用。本章主要介绍如何实现各种动态广告效果。

7.1 动态文字消息

7.1.1 两个消息框同时滚动显示

1.实例展示

页面中两个消息框同时滚动显示信息。如图 7.1 所示。

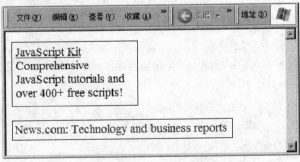

图 7.1 页面中两个消息同时滚动

2.任务要求

在页面的两个特定区域同时滚动显示新闻信息。信息中的文字有些带有超级链接,有些只是普通文字。

3.程序设计思路

实现该效果要用到 JavaScript 面向对象编程技术。对所显示内容的格式通过 CSS 来定义。将要显示的文字内容通过使用数组对象 Array() 来定义,并分成不同的段落来定义数组对象实例。对于文字滚动效果,通过使用对象来定义暂停信息滚动构造器函数(类对象),该例中涉及为对象定义公共方法和静态方法。

4.技术要点

(1)定义 CSS

```
<style type="text/css">
//滚动显示文字的 CSS,其中 pscroller1 对应显示文字图层的 name 标号
#pscroller1{width: 200px;height: 100px;border: 1px solid black;padding: 5px;background-color: lightyellow; } ;
… …
… …
</style>
```

(2)创建数组对象 pausecontent 用于定义待显示内容

```
var pausecontent=new Array()
```

例如:

```
pausecontent[0]='<a href="http://www.javascriptkit.com"> JavaScript Kit</a>
<br />Comprehensive JavaScript tutorials and over 400+free scripts!'
```

(3)定义对象

```
function pausescroller(content, divId, divClass, delay){ //设计暂停信息滚动的功能 }
```

(4)定义对象公共方法设置滚动初始化方法

```
pausescroller.prototype.animateup=function(){//对象 pausescroller 的公共方法 }
```

(5)定义对象公共方法设置两个内层同时向上滚动的方法

```
pausescroller.prototype.animateup=function(){//对象 pausescroller 的公共方法 }
```

(6)设置显示和隐藏层 div 的方法 swapdivs()

```
pausescroller.prototype.swapdivs=function(){//对象 pausescroller 的公共方法 }
```

(7)设置下一条信息显示之前,移动其隐藏的层 div

```
pausescroller.prototype.setmessage=function(){//对象 pausescroller 的公共方法 }
```

(8)设置滚动层的位置

```
pausescroller.getCSSpadding=function(tickerobj){ //获取 CSS 的内边距,是静态方法 }
```

5.程序代码编写

```
<!DOCTYPE html>
<html>
<head>
<title>滚动显示新闻</title>
    <META NAME="liyuncheng" CONTENT="email:yunchengli@sina.com">
<style type="text/css">
//滚动显示文字的 CSS
#pscroller1{width: 200px;height: 100px;border: 1px solid black;padding: 5px;background-color: lightyellow; }
#pscroller2{width: 350px;height: 30px;border: 1px solid black;padding: 3px;}
#pscroller2 a{text-decoration: none;}
.someclass{ //如果需要,可以使用 class
```

}
</style>
<script type="text/JavaScript">
//两组信息滚动的实例
//定义第一组滚动内容,创建数组对象pausecontent,用于定义待显示内容
var pausecontent=new Array()
pausecontent[0]='<a href="http://www.javascriptkit.com">JavaScript Kit </a>
Comprehensive JavaScript tutorials and over 400+free scripts!'
//这一个值的前一部分带有超级链接,后一部分是普通文字
pausecontent[1]='<a href="http://www.codingforums.com">Coding Forums </a>
Web coding and development forums.'
//这一个值的前一部分带有超级链接,后一部分是普通文字
pausecontent[2]='<a href="http://www.cssdrive.com" target="_new">CSS Drive </a>
Categorized CSS gallery and examples.'
//定义第二组滚动内容
var pausecontent2=new Array();
pausecontent2[0]='<a href="http://www.news.com">News.com: Technology and business reports </a>'
//带有超级链接的文字
pausecontent2[1]='<a href="http://www.cnn.com">CNN: Headline and breaking news 24/7</a>'
pausecontent2[2]='<a href="http://news.bbc.co.uk">BBC News: UK and international news </a>'
</script>
<script type="text/JavaScript">
//定义暂停信息滚动构造器函数(类对象),静态类
function pausescroller(content, divId, divClass, delay){
this.content=content //信息数组内容
this.tickerid=divId //显示信息层对象ID
this.delay=delay //两条信息之间停留时间 miliseconds
this.mouseoverBol=0 //鼠标是否指向信息(and pause it if it is)
this.hiddendivpointer=1 //隐藏信息层的数组index
document.write('<div id="'+divId+'" class="'+divClass+'" style="position: relative; overflow: hidden"><div class="innerDiv" style="position: absolute; width: 100%" id="'+divId+'1">'+content[0]+'</div><div class="innerDiv" style="position: absolute; width: 100%; visibility: hidden" id="'+divId+'2">'+content[1]+'</div></div>')
var scrollerinstance=this; //定义this为滚动条实例
//分几种情况考虑
if(window.addEventListener)//在DOM2 浏览器中运行
    window.addEventListener("load", function(){scrollerinstance.initialize()}, false);//调用公共方法
else if(window.attachEvent)//在IE 5.5 以上版本浏览器中运行
    window.attachEvent("onload", function(){scrollerinstance.initialize()});

```javascript
else if(document.getElementById)//如果是 DOM 浏览器，就在 500 毫秒后滚动信息
    setTimeout(function(){scrollerinstance.initialize()}, 500);
}
//initialize()是初始化滚动条的方法
//获取 div 对象，设定初始位置，设计滚动动画
//利用 prototype 原型属性添加 pausescroller 类型的公共方法:initialize()方法
pausescroller.prototype.initialize=function(){
    this.tickerdiv=document.getElementById(this.tickerid);
    this.visiblediv=document.getElementById(this.tickerid+"1");
    this.hiddendiv=this.hiddendiv=document.getElementById(this.tickerid+"2");
    //调用静态方法
    this.visibledivtop=parseInt(pausescroller.getCSSpadding(this.tickerdiv));
    this.visiblediv.style.width=this.hiddendiv.style.width=this.tickerdiv.offsetWidth-(this.visibledivtop*2)
+"px";
    this.getinline(this.visiblediv, this.hiddendiv);
    this.hiddendiv.style.visibility="visible";
    var scrollerinstance=this;
    document.getElementById(this.tickerid).onmouseover=function(){
        scrollerinstance.mouseoverBol=1;
    }
document.getElementById(this.tickerid).onmouseout=function(){
    scrollerinstance.mouseoverBol=0;
}
if(window.attachEvent)/* Internet Explorer 从 5.0 开始提供了一个 attachEvent 方法,使用这个方法可以给一个事件指派多个处理过程*/
    window.attachEvent("onunload", function()
    {   scrollerinstance. tickerdiv. onmouseover=scrollerinstance. tickerdiv.onmouseout=null})
        setTimeout(function(){scrollerinstance.animateup()}, this.delay);
    }
//animateup()是两个内层同时向上滚动的方法
pausescroller.prototype.animateup=function(){//公共方法
    var scrollerinstance=this;
    if(parseInt(this.hiddendiv.style.top)>(this.visibledivtop+5))
{   this.visiblediv.style.top=parseInt(this.visiblediv.style.top)-5+"px";//向上滚动 5px
    this.hiddendiv.style.top=parseInt(this.hiddendiv.style.top)-5+"px";
    setTimeout(function(){scrollerinstance.animateup()}, 50);
}
else{
    this.getinline(this.hiddendiv, this.visiblediv);
```

```
        this.swapdivs();
        setTimeout(function(){scrollerinstance.setmessage()}, this.delay);
    }
}
//swapdivs()是互换这个 div 的显示和隐藏属性
//设置显示和隐藏层 div 的方法 swapdivs()
pausescroller.prototype.swapdivs=function(){//公共方法
    var tempcontainer=this.visiblediv;
    this.visiblediv=this.hiddendiv;
    this.hiddendiv=tempcontainer;
}
//定义 getinline()方法
pausescroller.prototype.getinline=function(div1, div2){
    div1.style.top=this.visibledivtop+"px";
    div2.style.top=Math.max(div1.parentNode.offsetHeight, div1.offsetHeight)+"px";}
//setmessage()是设置下一条信息显示之前,移动其隐藏的层 div 的方法
pausescroller.prototype.setmessage=function(){//公共方法
    var scrollerinstance=this;
    if(this.mouseoverBol==1)//若鼠标指向滚动条,则暂停
        setTimeout(function(){scrollerinstance.setmessage()}, 100);
else{
    var i=this.hiddendivpointer;
    var ceiling=this.content.length;
    this.hiddendivpointer=(i+1>ceiling-1)? 0 : i+1; //滚动下一条
    this.hiddendiv.innerHTML=this.content[this.hiddendivpointer];
    this.animateup();
}
}
pausescroller.getCSSpadding=function(tickerobj){ //获取 CSS 的内边距,是静态方法
    if(tickerobj.currentStyle)
        return tickerobj.currentStyle["paddingTop"];
    else if(window.getComputedStyle)//if DOM2
        return window.getComputedStyle(tickerobj, "").getPropertyValue("padding-top");
    else
    return 0;
}
```

```
</script>
</head>
<body>
<script type="text/javascript">
/* new pausescroller(name_of_message_array, CSS_ID, CSS_classname, pause_in_ miliseconds) */
new pausescroller(pausecontent, "pscroller1", "someclass", 3000);
document.write("<br />");
new pausescroller(pausecontent2, "pscroller2", "someclass", 2000);
</script>
</body>
</html>
```

7.1.2 消息框中渐变交替显示文字信息

1. 实例效果

消息框中渐变交替显示文字信息。如图 7.2 所示。

图 7.2　消息框中渐变交替显示文字信息

2. 任务要求

在网页的特定区域显示消息框，框中渐变交替地显示三组文字信息。每组文字在一定间隔时间内呈现淡入/淡出的效果。

3. 程序设计思路

在页面中首先创建一个层对象，然后将文字呈现在该容器内。再通过文档对象的颜色属性 document.getElementById("fscroller").style.color 改变颜色。

4.技术要点

(1)定义层及其待显示内容

```
var fcontent=new Array();  //用于定义文字内容
begintag='<div style="font: normal 14px Arial; padding: 5px;">';
fcontent[0]=" ";
fcontent[1]=" ";
fcontent[2]=" ";
closetag="</div>";
```

(2)定义交替变换内容的函数

```
function changecontent(){ }
```

其中包括设定所用层的颜色改变,利用文档对象的如下属性:

```
document.getElementById("fscroller").style.color=" "
```

在层中显示文字,利用文档对象的如下属性:

```
document.getElementById("fscroller").innerHTML=显示标记及内容;
```

5.程序代码编写

```
<!DOCTYPE html>
<html>
<head>
<title> 文字渐变交替显示</title>
        <META NAME="liyuncheng" CONTENT="Email:yunchengli@sina.com">
</head>
<body>
<script type="text/JavaScript">
var delay=2000;  //两条信息间暂停时间(in miliseconds)
var maxsteps=30;  //颜色改变一次所持续的时间
var stepdelay=40;  //单步变化延迟时间
//注意: maxsteps 和 stepdelay 为效果持续时间的毫秒值
var startcolor=new Array(255,255,255);  //三原色(红,绿,蓝)
var endcolor=new Array(0,0,0);  //变化后颜色(红,绿,蓝)
var fcontent=new Array();
//设置开始显示的标记及属性,这里是字体属性声明
begintag='<div style="font: normal 14px Arial; padding: 5px;">';
fcontent[0]="<b>What's new? </b><br>New scripts added to the Scroller category!
<br><br>The MoreZone has been updated.<a href='../morezone/index.htm'>Click here to visit
</a>";
```

```javascript
    fcontent[1]="Dynamic Drive has been featured on Jars as a top 5% resource, and About.com as a recommended DHTML destination.";
    fcontent[2]="Ok, enough with these pointless messages.<a href='../morezone/index.htm'>You get the idea behind this script.</a>";
    closetag="</div>";
    //上面定义了所要显示的文字信息
    var fwidth="150px"; //设定滚动条宽度
    var fheight="150px"; //设定滚动条高度
    var fadelinks=1; //should links inside scroller content also fade like text? 0 for no, 1 for yes.
    ///不需要的写下面一行//////////////////
    var ie4=document.all&&!document.getElementById;
    var DOM2=document.getElementById;
    var faderdelay=0;
    var index=0;
    /* Rafael Raposo edited function */
    //交替变换内容的函数定义
    function changecontent()
    {
        if(index>=fcontent.length)
        index=0;
        if(DOM2)
        {
            //设定所用层的颜色变化
            document.getElementById("fscroller").style.color="rgb("+startcolor[0]+","+startcolor[1]+","+startcolor[2]+")"
            //在层中显示文字
            document.getElementById("fscroller").innerHTML=begintag+fcontent[index]+closetag
            if(fadelinks)
            linkcolorchange(1);
            colorfade(1,15);
        }
        else if(ie4)
        document.all.fscroller.innerHTML=begintag+fcontent[index]+closetag;
        index++;
    }
    //partially by Marcio Galli for Netscape Communications.
    {
```

```
//colorfade()是针对原来 Netscape 的定义
//定义修改链接文字颜色改变的函数
function linkcolorchange(step)
var obj=document.getElementById("fscroller").getElementsByTagName("A");
if(obj.length>0)
{
    for(i=0;i<obj.length;i++)
    obj[i].style.color=getstepcolor(step);
}
}
//颜色渐变控制函数的定义
var fadecounter;
function colorfade(step)
{
    if(step<=maxsteps)
    {
        document.getElementById("fscroller").style.color=getstepcolor(step);
        if(fadelinks)
        linkcolorchange(step);
        step++;
        fadecounter=setTimeout("colorfade("+step+")",stepdelay);
    }
    else{
        clearTimeout(fadecounter);
        document.getElementById("fscroller").style.color="rgb("+endcolor[0]+","+endcolor[1]
        +","+endcolor[2]+")";
        setTimeout("changecontent()", delay);
    }
}
//颜色分步改变函数的定义
function getstepcolor(step)
{
    var diff
    var newcolor=new Array(3);
        for(var i=0;i<3;i++)
        { diff=(startcolor[i]-endcolor[i]);
        if(diff>0)
        {        newcolor[i]=startcolor[i]-(Math.round((diff/ maxsteps))* step);
        }
        else {newcolor[i]=startcolor[i]+(Math.round((Math.abs(diff)/ maxsteps))* step);
```

            }
        }
        return("rgb("+newcolor[0]+","+newcolor[1]+","+newcolor[2]+")");
    }
    //下面代码为最后呈现效果
    if(ie4||DOM2)
    document.write ('< div id ="fscroller" style ="border: 1px solid black; width:' + fwidth +';height:'+fheight+'"></div>');
    if(window.addEventListener)
    window.addEventListener("load", changecontent, false);
    else if(window.attachEvent)
    window.attachEvent("onload", changecontent);
    else if(document.getElementById)
    window.onload=changecontent;
</script>
</body>
</html>
```

### 7.1.3 消息框中文字自下而上不停地滚动

**1.实例效果**

消息框中文字自下向上不停地滚动。如图 7.3 所示。

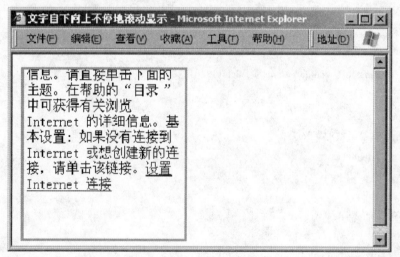

图 7.3 消息框中文字自下向上不停地滚动

**2.任务要求**

在网页的特定区域显示消息框,框中文字自下向上不停地滚动。文字在一定间隔时间内重复呈现,当鼠标指向消息框内时文字会停止滚动,且可以单击其中的超级链接。
```

3.程序设计思路

在页面中首先创建一个层对象,然后将文字呈现在该容器内。再通过层对象的位置属性 document.getElementById("cross_marquee").style.top 的改变产生移动变化效果。

4.技术要点

(1)定义所显示内容的 CSS

```css
<style type="text/css">
#marqueecontainer{
    position:relative;width:200px;   /*滚动区域 宽度*/
    height:200px;                    /*滚动区域 高度*/
    background-color:white;overflow:hidden;border:3px solid orange;padding:2px;
    padding-left:4px;
}
</style>
```

(2)定义滚动变化函数

```javascript
function scrollmarquee(){
//设置文字层对象的 top 位置变化,使其不断增加,产生向上移动的效果
}
```

5.程序代码编写

```html
<!DOCTYPE html>
<html>
<head>
<title>文字自下向上不停地滚动显示</title>
<META NAME="liyuncheng" CONTENT="email:yunchengli@sina.com">
<style type="text/css">
#marqueecontainer{
    position:relative;width:200px;   /*滚动区域 宽度*/
    height:200px;                    /*滚动区域 高度*/
    background-color:white;overflow:hidden;border:3px solid orange;padding:2px;
    padding-left:4px;
}
</style>
<script type="text/JavaScript">
var delayb4scroll=2000;  //指定信息在页面上的滚动延迟时间(2000=2 seconds)
var marqueespeed=2;      //定义滚动速度(数字越大,速度越快,范围为 1~10)
var pauseit=1;           //暂停滚动,当鼠标移到页面上时,0 表示不暂停滚动,1 表示暂停滚动
////不需要的改变下面一行////////////
var copyspeed=marqueespeed;
var pausespeed=(pauseit==0)? copyspeed: 0
var actualheight='';
```

```
//定义滚动效果函数
function scrollmarquee(){
    if(parseInt(cross_marquee.style.top)>(actualheight*(-1)+8))
        ross_marquee.style.top=parseInt(cross_marquee.style.top)-copyspeed+"px";
    else
        cross_marquee.style.top=parseInt(marqueeheight)+8+"px";
}
//定义初始滚动函数
function initializemarquee(){
    cross_marquee=document.getElementById("vmarquee");
    cross_marquee.style.top=0;
    marqueeheight=document.getElementById("marqueecontainer").offsetHeight;
    actualheight=cross_marquee.offsetHeight;
    if(window.opera || navigator.userAgent.indexOf("Netscape/7")!=-1){ //if Opera or Netscape 7x, add scrollbars to scroll and exit
        cross_marquee.style.height=marqueeheight+"px";
        cross_marquee.style.overflow="scroll";
        return
    }
    setTimeout('lefttime=setInterval("scrollmarquee()",30)', delayb4scroll);
}
if(window.addEventListener)
    window.addEventListener("load", initializemarquee, false);
else if(window.attachEvent)
    window.attachEvent("onload", initializemarquee);
else if(document.getElementById)
    window.onload=initializemarquee;
</script>
</head>
<body>
<div id="marqueecontainer" onMouseOver="copyspeed=pausespeed" onMouseOut="copyspeed=marqueespeed">
<div id="vmarquee" style="position: absolute; width: 98%;">
<!--YOUR SCROLL CONTENT HERE-->
<h4>Internet Explorer 入门</h4>
```

通过 Internet 连接和 Internet Explorer,可以查找和浏览 Web 上的所有信息。请直接单击下面的主题。在帮助的"目录"中可获得有关浏览 Internet 的详细信息。基本设置:如果没有连接到 Internet 或想创建新的连接,请单击该链接。<a href="">设置 Internet 连接</a>

```
<!--YOUR SCROLL CONTENT HERE-->
</div>
</div>
</body>
</html>
```

7.2 图片广告效果

7.2.1 利用 CSS 技术弹出图片浏览器

1.实例效果

网页文档区中显示图片放大效果。如图 7.4 所示。

图 7.4 弹出放大图片

2.任务要求

在页面文档区中,当鼠标指向两个图片和两个链接时会显示相应图的放大图片,用于进一步明确信息内容。

3.程序设计思路

通过利用 CSS 技术来设计图片放大效果。对页面所要处理对象设置其标记的 name 或 class 属性,以便编写 CSS 样式对其进行控制。

4.技术要点

(1)设定特定锚点的 class 属性,这里设定相应图片和链接的锚点标记 class 为"thumbnail"。

(2)将待放大图片放在块对象<span></span>中。

(3)在定义 CSS 样式时,将<span></span>中的待放大图片的 visibility 属性设为 hidden;单鼠标指向时将 visibility 属性设为 visible,且将左边 left 设为 60,即偏移原图 60px。同时设置与显示图片有关的其他属性。

5. 程序代码编写

```html
<!DOCTYPE html>
"http://www.w3.org/TR/xhtml1/DTD/xhtml1-transitional.dtd">
<html>
<head>
    <meta http-equiv="Content-Type" content="text/html; charset=gb2312" />
    <META NAME="liyuncheng" CONTENT="Email:yunchengli@sina.com">
<title>弹出放大图片</title>
<style type="text/css">
.thumbnail{
    position: relative;
    z-index: 0;
}
.thumbnail:hover{
    background-color: transparent;
    z-index: 50;
}
.thumbnail span{ //为放大图像定义的CSS
    position: absolute;
    background-color: lightyellow;
    padding: 5px;
    left: -1000px;
    border: 1px dashed gray;
    visibility: hidden;//设置图片为隐藏状态
    color: black;
    text-decoration: none;
}
.thumbnail span img{ //为放大图像定义的CSS
border-width: 0;
padding: 2px;
}
.thumbnail:hover span{ //在鼠标指向时放大图像定义的CSS
visibility: visible;//设置图片为显示状态
top: 0;
```

left：60px；//定义放大图像水平方向的位置

}

</style>

</head>

<body>

<p><span class="headers" style="MARGIN-TOP：10px">CSS 弹出放大图片浏览器</span></p>

<p>通过利用 CSS 代码，当鼠标指向 onMouseover 不同图片时，能够链接或弹出放大图片的功能。</p>

<p><b class="codetitle">演示 Demo：</b></p>

<!-- 定义链接标记的 class 属性为 thumbnail -->

<p><a class="thumbnail" href="#thumb"><img src="media/tree_thumb.jpg" width="100px" height="66px" border="0" /><span><img src="media/tree.jpg" />

Simply beautiful.</span></a>

  <a class="thumbnail" href="#thumb"><img src="media/ocean_thumb.jpg" width="100px" height="66px" border="0" /><span><img src="media/ocean.jpg" />

So real, it's unreal. Or is it? </span></a>

<a class="thumbnail" href="#thumb">Dynamic Drive <span><img src="media/dynamicdrive.jpg" />

Dynamic Drive </span></a>

<a class="thumbnail" href="#thumb">Zoka Coffee <span><img src="media/zoka.gif" />

Zoka Coffee </span></a>

</p>

</body>

</html>

6.重点代码分析

（1）页面显示图片的标记代码如下：

<a class="thumbnail" href="#thumb"><img src="media/tree_thumb.jpg" width="100px" height="66px" border="0" /><span><img src="media/tree.jpg" />

Simply beautiful.</span></a>

其中，前一个<img>标记为初始显示图片，<span></span>标记中的<img>为利用 CSS 控制而显示的放大图片。

(2)CSS 定义中,如下代码为对放大图片的初始化设置。

```
.thumbnail span{    //为放大图像定义的 CSS
    position：absolute；
    background-color：lightyellow；
    padding：5px；
    left：-1000px；
    border：1px dashed gray；
    visibility：hidden；    //设置图片为隐藏状态
    color：black；
    text-decoration：none；
}
```

(3)CSS 定义中,如下代码为鼠标指向时对放大图片的设置。

```
.thumbnail:hover span{    //在鼠标指向时放大图像定义的 CSS
    visibility：visible；    //设置图片为显示状态
    top：0；
    left：60px；
}
```

7.2.2 控制图片左右滚动

1.实例效果

在页面上显示图片左右滚动的效果。如图 7.5 所示。

图 7.5　图片左右滚动效果

2.任务要求

在页面中水平显示 7 张图片且图下有相应标识文字,设计能够自动从右向左每隔特定时间滚动一张图片的效果,同时也可以通过左右两个箭头控制图片向左或向右滚动。当单击每张图片时会链接到相应的网页。

3.程序设计思路

首先定义图片显示区域的样式表,其内容包括:各类区域大小等属性、左右两个箭头属性。

其次,在页面利用创建层展示各张图片内容,并设置相应属性。

最后,编写 JavaScript 代码,控制其图片展示效果。

4.技术要点

(1)定义样式表中的待显示层中元素的属性。如:

.rollBox{width:704px;overflow:hidden;padding:12px 0 5px 6px;}

.rollBox .LeftButton{height:52px;width:19px;background:url(images/job_mj_069.gif)no-repeat 11px 0;overflow:hidden;float:left;display:inline; margin: 25px 0 0 0;cursor:pointer;}

(2)在页面中创建一组层对象。如:

```
<div class="rollBox"><!-- 最外层的层对象,理解为一个大容器 -->
    <div class="LeftButton" onmousedown="ISL_GoUp()" onmouseup="ISL_StopUp()" onMouseOut="ISL_StopUp()"></div> <!-- 创建显示左侧箭头标识的层,同时定义其 class 属性,以及事件处理方法 -->
    <div class="Cont" id="ISL_Cont"> <!-- 创建 class 为 Cont 的层,用来作为一个容器,在样式表中已经定义其大小等属性 -->
    <div class="ScrCont">
    <div id="List1">
    <!-- 图片列表 begin -->
    <div class="pic">
    <a href="http://career.sina.com.cn/3/2007/0928/15.html" target="_blank">
    <img src="images/1.jpg" width="109" height="87" alt="图 1" /></a>
    <p><a href="http://career.sina.com.cn/3/2007/0928/15.html" target="_blank">图 1</a></p>
    </div>
```

……

(3)对已经显示在页面中的图片组进行滚动控制,即开始编写 JavaScript 代码。如:

```
//向前滚动动作函数
function ISL_ScrUp(){
    if(GetObj("ISL_Cont").scrollLeft<=0)
        {GetObj("ISL_Cont").scrollLeft=GetObj("ISL_Cont").scrollLeft+
        GetObj("List1").offsetWidth}
        GetObj("ISL_Cont").scrollLeft -= Space ;
}
```

其中 Space 是每次滚动的像素值。

5.程序代码编写

```
<!DOCTYPE html>
<html>
<head>
```

```html
<meta http-equiv="Content-Type" content="text/html; charset=gb2312" />
<META NAME="liyuncheng" CONTENT="email:yunchengli@sina.com">
<title>控制左右滚动图片组并自动翻滚</title>
</head>
<body>
<div class="rollBox">
    <div class="LeftBotton" onmousedown="ISL_GoUp()" onmouseup="ISL_StopUp()" onmouseout="ISL_StopUp()"></div>
    <div class="Cont" id="ISL_Cont">
    <div class="ScrCont">
    <div id="List1">
    <!--图片列表 begin-->
        <div class="pic">
        <a href="http://career.sina.com.cn/3/2007/0928/15.html" target="_blank">
        <img src="images/1.jpg" width="109" height="87" alt="图 1" /></a>
<p><a href="http://career.sina.com.cn/3/2007/0928/15.html" target="_blank">图 1</a></p>
        </div>
        <div class="pic">
        <a href="http://career.sina.com.cn/3/2007/0928/16.html" target="_blank">
        <img src="images/2.jpg" width="109" height="87" alt="图 2" /></a>
<p><a href="http://career.sina.com.cn/3/2007/0928/16.html" target="_blank">图 2</a></p>
        </div>
        <div class="pic">
        <a href="http://career.sina.com.cn/3/2007/0928/14.html" target="_blank">
        <img src="images/3.jpg" width="109" height="87" alt="图 3" /></a>
<p><a href="http://career.sina.com.cn/3/2007/0928/14.html" target="_blank">图 3</a></p>
        </div>
        <div class="pic">
        <a href="http://career.sina.com.cn/3/2007/0928/17.html" target="_blank">
        <img src="images/4.jpg" width="109" height="87" alt="图 4" /></a>
<p><a href="http://career.sina.com.cn/3/2007/0928/17.html" target="_blank">图 4</a></p>
        </div>
        <div class="pic">
```

```html
            <a href="http://career.sina.com.cn/3/2007/0928/19.html" target="_blank">
                <img src="images/5.jpg" width="109" height="87" alt="图5" /></a>
        <p><a href="http://career.sina.com.cn/3/2007/0928/19.html" target="_blank">图5</a></p>
        </div>
            <div class="pic">
                <a href="http://career.sina.com.cn/3/2007/0928/18.html" target="_blank">
                    <img src="images/6.jpg" width="109" height="87" alt="图6" /></a>
            <p><a href="http://career.sina.com.cn/3/2007/0928/18.html" target="_blank">图6</a></p>
        </div>
            <div class="pic">
                <a href="http://career.sina.com.cn/3/2007/0927/12.html" target="_blank">
                    <img src="images/7.jpg" width="109" height="87" alt="图7" /></a>
            <p><a href="http://career.sina.com.cn/3/2007/0927/12.html" target="_blank">图7</a></p>
        </div>
                <!-- 图片列表 end -->
</div>
<div id="List2"></div>
</div>
</div>
<div class="RightBotton" onMouseDown="ISL_GoDown()"
onMouseUp="ISL_StopDown()" onMouseOut="ISL_StopDown()"></div>
</div>
</div>
<style type="text/css">
<!--
.rollBox{width:704px;overflow:hidden;padding:12px 0 5px 6px;}
.rollBox .LeftBotton{height:52px;width:19px;background:url(images/job_mj_069.gif)no-repeat 11px 0;overflow:hidden;float:left;display:inline; margin: 25px 0 0 0;cursor:pointer;}
.rollBox .RightBotton{height:52px;width:20px;background:url(images/job_mj_069.gif)no-repeat 8px 0;overflow:hidden;float:left;display:inline; margin:25px 0 0 0;cursor:pointer;}
.rollBox .Cont{width:663px;overflow:hidden;float:left;}
.rollBox .ScrCont{width:10000000px;}
.rollBox .Cont .pic{width:132px;float:left;text-align:center;}
.rollBox .Cont .pic img{padding:4px; background:#000FFF; border:1px solid #000CCC;display:block;margin:0 auto;}
```

```css
.rollBox .Cont .pic p{line-height:26px;color:#505050;}
.rollBox .Cont a:link,.rollBox .Cont a:visited{color:#626466;text-decoration : none;}
.rollBox .Cont a:hover{color:#000F00;text-decoration:underline;}
.rollBox #List1,.rollBox #List2{float:left;}
-->
</style>
<script language="JavaScript" type="text/JavaScript">
<!--
//图片滚动列表
var Speed=10; //速度(毫秒)
var Space=5; //每次移动距离(px)
var PageWidth=132; //翻页宽度
var fill=0; //整体移位
var MoveLock=false;
var MoveTimeObj;
var Comp=0;
var AutoPlayObj=null;
GetObj("List2").innerHTML=GetObj("List1").innerHTML;
GetObj("ISL_Cont").scrollLeft=fill;
GetObj("ISL_Cont").onmouseover=function(){clearInterval(AutoPlayObj);};
GetObj("ISL_Cont").onmouseout=function(){AutoPlay();};
AutoPlay();
//定义获取文档区域,确定id号对象的函数
function GetObj(objName){
    if(document.getElementById)
        {return eval('document.getElementById(\''+objName+'\')')}
    else
        {return eval("document.all."+objName)}
}
//定义图片自动滚动的函数
function AutoPlay(){
    clearInterval(AutoPlayObj);
    AutoPlayObj=setInterval("ISL_GoDown();ISL_StopDown();",5000); //间隔时间为5秒
}
//向前滚动开始函数
function ISL_GoUp(){
    if(MoveLock)return;
    clearInterval(AutoPlayObj);
```

```
        MoveLock=true;
        MoveTimeObj=setInterval("ISL_ScrUp();",Speed);
}
//向前滚动停止函数
function ISL_StopUp(){
    clearInterval(MoveTimeObj);
    if(GetObj("ISL_Cont").scrollLeft % PageWidth - fill!=0)
    {     Comp=fill-(GetObj("ISL_Cont").scrollLeft % PageWidth);
         CompScr();
    }
    else{
         MoveLock=false;
    }
AutoPlay();
}
//向前滚动动作函数
function ISL_ScrUp(){
    if(GetObj("ISL_Cont").scrollLeft<=0)
    {     GetObj("ISL_Cont").scrollLeft=GetObj("ISL_Cont").scrollLeft+
         GetObj("List1").offsetWidth}
    GetObj("ISL_Cont").scrollLeft -=Space ;
}
//向后滚动开始函数
function ISL_GoDown(){
    clearInterval(MoveTimeObj);
    if(MoveLock)return;
    clearInterval(AutoPlayObj);
    MoveLock=true;
    ISL_ScrDown();
    MoveTimeObj=setInterval("ISL_ScrDown()",Speed);
}
//向后滚动停止函数
function ISL_StopDown(){
    clearInterval(MoveTimeObj);
    if(GetObj("ISL_Cont").scrollLeft % PageWidth - fill!=0)
    {     Comp=PageWidth - GetObj("ISL_Cont").scrollLeft % PageWidth+fill;
         CompScr();
    }
```

```
        else｛　MoveLock＝false；
            ｝
        AutoPlay()；
｝
//向后滚动动作函数
function ISL_ScrDown()｛
    if(GetObj("ISL_Cont").scrollLeft＞＝GetObj("List1").scrollWidth)
    ｛
        GetObj("ISL_Cont").scrollLeft＝GetObj("ISL_Cont").scrollLeft－GetObj("List1").scrollWidth；
    ｝
   GetObj("ISL_Cont").scrollLeft＋＝Space ；
｝
    function CompScr()｛
     var num；
     if(Comp＝＝0)｛MoveLock＝false；return；｝
     if(Comp＜0)｛ //向前滚动
         if(Comp＜－Space)｛
             Comp＋＝Space；
             num＝Space；
         ｝
     else｛
         num＝－Comp；
         Comp＝0；
     ｝
   GetObj("ISL_Cont").scrollLeft －＝num；
     setTimeout("CompScr()",Speed)；
｝
else｛ //向后滚动
    if(Comp＞Space)｛
        Comp －＝Space；
        num＝Space；
    ｝
    else｛
        num＝Comp；
        Comp＝0；
    ｝
    GetObj("ISL_Cont").scrollLeft＋＝num；
```

```
        setTimeout("CompScr()",Speed);
    }
}
-->
</script>
</body>
</html>
```

7.3 图片渐变交替显示

7.3.1 图片渐变交替显示 1

1.实例效果

在页面内显示一组大幅商品展示广告。如图 7.6 所示。

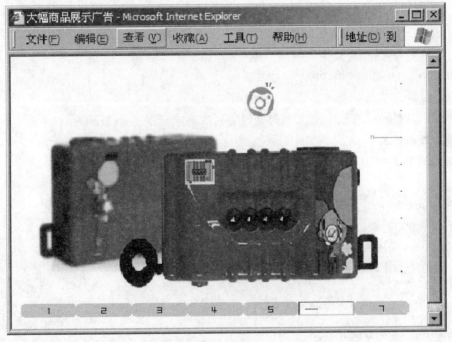

图 7.6 大幅商品展示广告

2.任务要求

在网页文档区域利用表格的指定位置,自动渐变交替展示一组广告,在图片下方显示有相应的数字按钮,图片播放时相应按钮会有标记。同时也允许用户通过鼠标单击按钮来展示相应图片。

3.程序设计思路

在页面定义表格中显示图片和按钮图片。将广告图片、链接和按钮图片通过特定规律的名称定义,赋值给用数组对象定义的变量。设定广告图片在特定时间间隔渐变交替,呈现图片。

考虑用鼠标单击按钮显示指定的图片。

4.技术要点

(1)定义数组对象实例:

var roll_image=new Array();

var image_link=new Array();

var small_img=new Array();

分别用于广告图片、网址和按钮图片的赋值变量。

(2)利用随机数字生成函数 Math.random() * 7,产生最初的 1 至 7 的随机数字,用于指向相应图片名称。

(3)定义图片渐变交替展示函数:

function rotate(){}

这里要用到图片的滤镜效果,filters.blendtrans。通过 document.all.图片标记 name.src,指定要呈现的图片文件。

(4)定义单击按钮,显示相应图片的函数:

function click_simg(ci,no){}

(5)定时器:

定时用 setTimeout("递归函数",时间间隔),清除定时用 clearTimeout()

5.程序代码编写

```
<!DOCTYPE html>
<html>
<head>
<title>大幅商品展示广告</title>
<meta http-equiv=content-type content="text/html; charset=gb2312">
<META NAME="liyuncheng" CONTENT="Email:yunchengli@sina.com">
</head>
<body>
<script language="JavaScript">
<!--
//定义三个数组对象实例,用于广告图片、网址和按钮图片的赋值变量
var roll_image=new Array();
var image_link=new Array();
var small_img=new Array();
```

```
//将数组元素赋给具体值
roll_image[0]="images/01.jpg";
image_link[0]="http://www.pqshow.com";
small_img[0]="images/main_flash_button1_on.gif";
roll_image[1]="images/02.jpg";
image_link[1]="http://www.pqshow.com";
small_img[1]="images/main_flash_button2_on.gif";
roll_image[2]="images/03.jpg";
image_link[2]="http://www.pqshow.com";
small_img[2]="images/main_flash_button3_on.gif";
roll_image[3]="images/04.jpg";
image_link[3]="http://www.pqshow.com";
small_img[3]="images/main_flash_button4_on.gif";
roll_image[4]="images/05.jpg";
image_link[4]="http://www.pqshow.com";
small_img[4]="images/main_flash_button5_on.gif";
roll_image[5]="images/06.jpg";
image_link[5]="http://www.pqshow.com";
small_img[5]="images/main_flash_button6_on.gif";
roll_image[6]="images/07.jpg";
image_link[6]="http://www.pqshow.com";
small_img[6]="images/main_flash_button7_on.gif";
//定义两个变量并赋给初始值
var cliimg="";
var cliimgsrc="";
//定义随机显示的最初图片
var imgno=Math.round(Math.random()*7);
var interval=3000;
var settime="";
function click_simg(ci, no){
    var pimg=document.all.bigimg;
    var plink=document.all.imglink;
    if(cliimg=="")
    {
        cliimg=ci;
        cliimgsrc=ci.src;
        ci.src=small_img[no];
```

```
            imgno=no;
            pimg.src=roll_image[no];
            plink.href=image_link[no];
        }
        else if(cliimg!=ci){
            cliimg.src=cliimgsrc;
            cliimg=ci;
            cliimgsrc=ci.src;
            ci.src=small_img[no];
            imgno=no;
            pimg.src=roll_image[no];
            plink.href=image_link[no];
        }
        clearTimeout(settime);
        settime=setTimeout("rotate()",interval);
}
//定义图片渐变交替展示函数
function rotate(){
        //指向图片的变量 imgno
        imgno=(imgno>=6)?0:imgno+1;
        var ci=eval("document.all.num_img"+imgno);
        //定义广告图片渐变交替效果
        document.all.bigimg.filters.blendtrans.apply();
        document.all.imglink.href=image_link[imgno];
        //显示指定的广告图片
        document.all.bigimg.src=roll_image[imgno];
        document.all.bigimg.filters.blendtrans.play();
        if(cliimg==""){
            cliimg=ci;
            cliimgsrc=ci.src;
            ci.src=small_img[imgno];
        }
        else if(cliimg!=ci){
            cliimg.src=cliimgsrc;
            cliimg=ci;
            cliimgsrc=ci.src;
            ci.src=small_img[imgno];
        }
```

```html
        settime=setTimeout("rotate()",interval);
}
-->
</script>
<table cellspacing="0" cellpadding="0" width="420" border="0">
  <tbody>
  <tr>
    <td height="238"><a onfocus="this.blur()"
        href="http://www.pqshow.com/daima/36/#" name="imglink"><img
        style="filter: blendtrans(duration=1)" height="238"
        src=" images/01.jpg" width="420" border="0" name="bigimg"></a></td></tr>
  <tr>
    <td height="27">
      <table cellspacing="0" cellpadding="0" width="100%" border="0">
        <tbody>
        <tr>
          <td width="3"></td>
          <td width="61"><img style="cursor: hand"
              onclick="click_simg(this, 0);" height="15"
              src="images/main_flash_button1.gif" width="61" border="0"
              name="num_img0"></td>
          <td width="3"></td>
          <td width="61"><img style="cursor: hand"
              onclick="click_simg(this, 1);" height="15"
              src=" images/main_flash_button2.gif" width="61" border="0"
              name="num_img1"></td>
          <td width="3"></td>
          <td width="61"><img style="cursor: hand"
              onclick="click_simg(this, 2);" height="15"
              src=" images/main_flash_button3.gif" width="61" border="0"
              name="num_img2"></td>
          <td width="3"></td>
          <td width="61"><img style="cursor: hand"
              onclick="click_simg(this, 3);" height="15"
              src=" images/main_flash_button4.gif" width="61" border="0"
              name="num_img3"></td>
          <td width="3"></td>
          <td width="61"><img style="cursor: hand"
              onclick="click_simg(this, 4);" height="15"
```

```
                    src=" images/main_flash_button5.gif" width="61" border="0"
                    name="num_img4"></td>
                <td width="3"></td>
                <td width="61"><img style="cursor: hand"
                    onclick="click_simg(this, 5);" height="15"
                    src=" images/main_flash_button6.gif" width="61" border="0"
                    name="num_img5"></td>
                <td width="3"></td>
                <td width="61"><img style="cursor: hand"
                    onclick="click_simg(this, 6);" height="15"
                    src=" images/main_flash_button7.gif" width="61" border="0"
                    name="num_img6"></td>
                <td width="72"></td></tr></tbody></table></td></tr></tbody>
            </table>
<script language="JavaScript">
rotate();
</script>
</body>
</html>
```

7.3.2 图片渐变交替显示 2

1.实例效果

在页面中逐个显示一组图片的效果。如图 7.7 所示。

图 7.7 图片逐个交替显示效果

2.任务要求

页面上一组图片自动以幻灯方式播放,同时图片间切换时带有各种渐变效果。

3.程序设计思路

在页面中定义表格,用于在特定位置显示图片。利用数组对象实例元素指向相应的图片和要链接的地址。

接下来,就要编写程序代码控制图片显示和效果。

4.技术要点

(1)定义数组和图片对象实例。例如:

var bannerAD=new Array(10);

var bannerADlink=new Array(10);

//利用数组实例名称创建对象实例

bannerAD[i]=new Image();

(2)将图片赋给对象实例的scr属性。例如:

bannerAD[0].src="mf1_006.jpg";

bannerADlink[0]="1.htm";

(3)图片切换和显示效果的定义。例如:

//应用数学对象Math()的floor()和random()方法计算并定义图片显示效果

bannerADrotator.filters.revealTrans.Transition=Math.floor(Math.random()*23);

//切换显示滤镜效果

bannerADrotator.filters.revealTrans.apply();

5.程序代码编写

```
<!DOCTYPE html>
<html>
<head>
<title>图片逐个交替显示效果</title>
<meta http-equiv=Content-Type content="text/html; charset=gb2312">
<META NAME="Liyuncheng" CONTENT="Email:yunchengli@sina.com">
</head>
<body>
<table cellSpacing="0" cellPadding="0" width="770" align="center" border="0">
  <tbody>
    <tr>
      <!--table的第1行第1列内再插入一个表格-->
      <td vAlign="top" width="180" height="12">
        <table cellSpacing="0" cellPadding="0" width="100%" border="0">
          <tbody>
            <tr>
              <td height="6"></td></tr>
```

```javascript
<script language=JavaScript>
<!--
var bannerAD=new Array(10);
var bannerADlink=new Array(10);
var adNum=0;
for(i=0;i<10;i++){
    //利用数组实例名称创建对象实例
    bannerAD[i]=new Image();
}
//将图片赋给对象实例的 scr 属性
bannerAD[0].src="mf1_006.jpg";
bannerADlink[0]="1.htm"
bannerAD[1].src="hell1_009.jpg";
bannerADlink[1]="http://www.pqshow.com"
bannerAD[2].src="is1_004.jpg";
bannerADlink[2]="http://www.pqshow.com"
bannerAD[3].src="mega1_013.jpg";
bannerADlink[3]="http://www.pqshow.com"
bannerAD[4].src="fl1_004.jpg";
bannerADlink[4]="http://www.pqshow.com"
bannerAD[5].src="fqsn1_013.jpg";
bannerADlink[5]="http://www.pqshow.com"
bannerAD[6].src="gagra1_008.jpg";
bannerADlink[6]="http://www.pqshow.com"
bannerAD[7].src="hn1_005.jpg";
bannerADlink[7]="http://www.pqshow.com"
bannerAD[8].src="fate1_002.jpg";
bannerADlink[8]="http://www.pqshow.com"
bannerAD[9].src="mqj1_058.jpg";
bannerADlink[9]="http://www.pqshow.com"
//定义数组对象实例,用于与图片文件建立连接
//定义图片显示效果的函数
function setTransition(){
    if(document.all){
        //应用数学对象 Math()的 floor()和 random()方法计算,定义图片显示效果
        bannerADrotator.filters.revealTrans.Transition=Math.floor(Math.random()*23);
```

```
        //显示滤镜效果
        bannerADrotator.filters.revealTrans.apply();
    }
}
//播放显示效果
function playTransition(){
    if(document.all)
        bannerADrotator.filters.revealTrans.play()
}
//显示下一张图片的函数
function nextAd(){
    if(adNum<bannerADlink.length-1)
        //指向下一张图
        adNum++;
        //实现循环显示
        else adNum=0;
        //设置显示效果
        setTransition();
        //显示下一张图片
        document.images.bannerADrotator.src=bannerAD[adNum].src;
        //显示效果
        playTransition();
        theTimer=setTimeout("nextAd()", 4000);
}
//当鼠标单击图片时将链接到相应的页面
function jump2url(){
    jumpUrl=bannerADlink[adNum];
    jumpTarget="_blank";
    if(jumpUrl!=""){
        if(jumpTarget!="")window.open(jumpUrl,jumpTarget);
        else location.href=jumpUrl;
    }
}
//在状态栏显示信息
function displayStatusMsg(){
```

```
        status=bannerADlink[adNum];
        document.returnValue=true;
    }
    -->
    </script>
      <tr>
      <td align="middle">
            <!--内表格的第2行第1列再嵌入一个表格,并设置属性-->
      <table cellSpacing="6" cellPadding="1" bgColor="#E8E8E8" border="0">
        <tbody>
        <tr>
        <td bgColor="#FFFFFF">
            <!--鼠标指向图片时,在状态栏显示图片信息,单击链接,打开相应网站-->
            <a onmouseover="displayStatusMsg();return document.returnValue" href="javascript:jump2url()">
            <!--定义图片标签及其滤镜效果、加载src指向的页面、name="bannerADrotator"-->
            <img style="FILTER:revealTrans(duration=2,transition=40)" height=120 src="图片逐个交替显示效果.files/search_banner.htm" width="150" align="middle" border="0" name="bannerADrotator"></a>
            <!--调用显示图片函数-->
        <script language="JavaScript">
            nextAd()
        </script>
        </td></tr></tbody></table></td></tr>
      <tr>
         <td height=6></td>
      </tr>
</tbody></table></tr></tbody></table>
</body>
</html>
```

7.3.3 图片渐变交替显示3

1. 实例效果

网页中一组图片广告播放效果,如图7.8所示。

图 7.8　图片广告效果

2.任务要求

页面中的一组图片广告既可以以幻灯片方式切换,也可以单击下面的按钮选项来切换。

3.程序代码编写

该程序代码分为三个部分:css.css、article.js 和 html。

(1)css.css 文件,定义了图片下面按钮部分的属性。

```
td {font-size：12px
    }
.solidbox {border-right：#D7D7D7 1px solid；border-top：#D7D7D7 1px solid；border-left：
        #D7D7D7 1px solid；border-bottom：#D7D7D7 1px solid
}
```

(2)article.js 文件,主要是图片切换和控制代码。

```
var NowImg=1;

var bStart=0;

var bStop=0;

//定义指向下一个图片函数

function fnToggle(){

var next=NowImg+1;

if(next==MaxImg+1)
```

```
    {    NowImg=MaxImg;
         next=1;
    }
    if(bStop!=1)
    {    if(bStart==0)
         {    bStart=1;
              setTimeOut("fnToggle()", 4000);
              return;
         }
         else
         //图片显示及切换的滤镜效果
         {    oTransContainer.filters[0].Apply();
              document.images["oDIV"+next].style.display="";
              document.images["oDIV"+NowImg].style.display="none";
              oTransContainer.filters[0].Play(duration=2);
              if(NowImg==MaxImg)
                   NowImg=1;
              else
                   NowImg++;
         }
         setTimeOut("fnToggle()", 4000);
    }
}
//单击鼠标时显示相应图片
function toggleTo(img){
    bStop=1;
    if(img==1)
    {    document.images["oDIV1"].style.display="";
         document.images["oDIV2"].style.display="none";
         document.images["oDIV3"].style.display="none";
         document.images["oDIV4"].style.display="none";
    }
    else if(img==2)
    {    document.images["oDIV2"].style.display="";
         document.images["oDIV1"].style.display="none";
```

```
            document.images["oDIV3"].style.display="none";
            document.images["oDIV4"].style.display="none";
        }
    else if(img==3)
        {   document.images["oDIV3"].style.display="";
            document.images["oDIV1"].style.display="none";
            document.images["oDIV2"].style.display="none";
            document.images["oDIV4"].style.display="none";
        }
    else if(img==4)
        {   document.images["oDIV4"].style.display="";
            document.images["oDIV1"].style.display="none";
            document.images["oDIV2"].style.display="none";
            document.images["oDIV3"].style.display="none";
        }
}
```

（3）html 文件，将相应的图片等呈现在页面上。

```html
<!DOCTYPE html>
<html>
<head>
<title>自动幻灯图片</title>
<meta http-equiv=Content-Type content="text/html; charset=gb2312">
<META NAME="Liyuncheng" CONTENT="Email:yunchengli@sina.com">
<script src="幻灯图片代码.files/article.js">
</script>
<link href="幻灯图片代码.files/css.css" type=text/css rel=stylesheet>
</head>
<body>
<table class="solidbox" cellSpacing="0" cellPadding="0" width="312" align="center" border="0">
    <tbody>
    <tr>
        <td align="middle" width="312" height="312">
            <table cellSpacing="0" cellPadding="0" align="center" border="0">
                <tbody>
                <tr>
                    <td>
<!--在表格内创建层并设置相应的属性和样式,同时设定图片及其链接-->
```

```html
<div id="oTransContainer" style="FILTER: progid: DXImageTransform.Microsoft.Wipe(GradientSize=1.0, wipeStyle=0, motion='forward'); width: 220px; height: 194px"><a href="http://www.pqshow.com/union/" target=_blank><img id="oDIV1" height="300" src="幻灯图片代码.files/01.jpg" width="300" border="0"></a><a href="http://www.pqshow.com/union/" target="_blank"><img id="oDIV2" style="DISPLAY: none" height=300 src="幻灯图片代码.files/02.jpg" width="300" border="0"></a> <a href="http://www.pqshow.com/union/" target="_blank"><img id="oDIV3" style="DISPLAY: none" height=300 src="幻灯图片代码.files/03.jpg" width="300" border="0"></a><a href="http://www.pqshow.com/union/" target="_blank"><img id="oDIV4" Style="DISPLAY: none" height=300 src="幻灯图片代码.files/04.jpg" width="300" border="0"></a></div></td></tr></tbody></table></td></tr>
<tr>
<td vAlign="top" align="right" height="22">
<script>var MaxImg=4; fnToggle();//调用 js 函数
</script>
<!--生成图片下面的按钮及其属性-->
<table cellSpacing="1" cellPadding="0" width="110" border="0">
<tbody>
<tr>
<td width="26">
<!--调用 js 函数实现鼠标单击显示效果-->
<a href="javascript:toggleTo(1)"><img height="15" src="幻灯图片代码.files/s_1.gif" width="17" border="0"></a></td>
<td width="26">
<a href="javascript:toggleTo(2)"><img height="15" src="幻灯图片代码.files /s_2.gif" width="17" border="0"></a></td>
<td width="26">
<a href="javascript:toggleTo(3)"><img height="15" src="幻灯图片代码.files/s_3.gif" width="17" border="0"></a></td>
<td width="27">
<a href="javascript:toggleTo(4)"><img height="15" src="幻灯图片代码.files /s_4.gif" width="17" border="0"></a></td></tr>
</tbody>
</table>
</td>
</tr>
</tbody>
</table>
</body>
</html>
```

第8章 网页导航菜单

网站设计开发中一定要对网站信息进行导航,经常见到的网页导航形式包括四大类:树形目录、弹出菜单、移动菜单、推拉式菜单。本章介绍如何设计网页导航菜单。

8.1 树形目录导航设计

8.1.1 使用层对象设计树形目录

1.实例效果

在页面显示二级树形目录菜单,如图 8.1 所示。

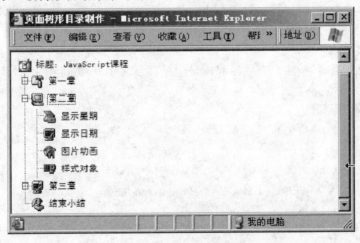

图 8.1 树形目录导航效果

2.任务要求

在网页文档区域显示一个由框架构成的三区域页面:横向上部为标题部分;下部左侧为显示目录页面;下部右侧用于显示具体链接内容页面。

3.程序设计思路

树形目录由根目录及其下面的一级目录和二级目录构成。设计中要完成如下两个任务:展开二级目录和折叠二级目录。展开和折叠时都涉及下面的目录位置发生变化。前一个任务通过设置层对象的 visibility 属性实现,后一任务则通过改变层对象的 top 属性值实现。为了完成任务务必建立几个对应关系:一级目录所在层与其二级目录所在层的对应关系;一级目录所在层与其图标的对应关系;所有一级目录的先后顺序关系。本例中将采用以包含数值的字符串标记元素的方法来建立以上三种关系。例如一级目录所在层的标识设置为 lay1、lay2……lay8,其二级目录对应为 lay1Sub、lay2Sub……lay8Sub;而一级目录图标则采用一级目录加 Img 进行标识。

4. 技术要点

(1) style(样式)对象:每个标签元素都有 style 属性,它可以作为对象被访问。该属性值决定文档的各种格式。

(2) style 对象的 top 属性:垂直位置的坐标。例如:

<div style="top":200>

(3) style 对象的 visibility 属性:元素可见性。可以是 visible、hidden、inhert,分别是可见、隐藏和继承父元素。

(4) div 对象的 clientHeight 属性:块对象的高度。例如:

div_element. clientHeight=height_value

(5) document 对象的 getElementById() 方法:通过页面中元素的 id 属性来定位元素或选中元素。

(6) document 对象的 images[id] 数组:页面中所有 <img> 元素组成的数组访问该元素。例如 document.images[id].src=图片路径和文件名,用于改变图片。

(7) JavaScript 的全局函数 parseFloat() 方法和 parseInt() 方法。前者将参数提取为一个浮点数值,后者是将其参数值转换为整数。

5. 程序代码编写

(1) 在主体部分创建层对象,用于在页面中显示选项。首先创建一个层对象,作为显示各个选项的容器。然后分别创建层对象,显示标题和主选项,最后在各主选项下添加层对象,显示其子选项。

(2) 脚本程序编写时,注意有效地利用每个层对象的 id 属性,以便控制其位置及显示或隐藏。

```
<!DOCTYPE html>
<html>
<head>
<title>页面树形目录制作</title>
<META NAME="liyuncheng" CONTENT="Email:yunchengli@sina.com">
</head>
<style>
  body {font-size:9pt;font-family:"黑体"}
  table {font-size:9pt;font-family:"黑体"}
  td {align:left;valign:middle;height:16px}
  img {vertical-align:middle}
    a {text-decoration:none;color:black}
```

```javascript
</style>
<script language="JavaScript">
function moveSub(index){
    //被单击选项层对象的 id
    var clickDiv="lay"+index;
    //被单击选项子选项层对象的 id
    var clickDivSub;
    //被单击选项对应的图片 id
    var clickDivImg=clickDiv+"picture";
    //当前选项对应图片的 src 属性,用于获得显示的图片
    var theImgSrc=document.images[clickDivImg].src;
    //被单击选项下面的选项和子选项对应层对象的 id
    var belowDiv,belowSub;
    if(theImgSrc.indexOf("add.gif")>0)
    {
        document.images[clickDivImg].src="jian.gif";
        //被单击选项的子选项对应层对象的 id
        clickDivSub="lay"+index+"Sub";
        //被单击选项下面的选项对应层对象的 id
        belowDiv="lay"+(index+1);
        //被单击选项的子选项对应层对象的位置 top,应该是下一个选项对应层对象的 top 值
        document.getElementById(clickDivSub).style.top=document.getElementById(belowDiv).style.top;
        //设定被单击选项的子选项对应层对象为可见属性
        document.getElementById(clickDivSub).style.visibility="visible";
        //设定被单击选项下面的选项对应层对象的位置 top
        for(var i=1;i<4-index;i++)//注意下面的选项的个数为 4-index
        {
            //注意,在应用循环时,层 theLay2Sub,theLay3Sub……theLay4Sub 必须都存在,否则程序将出错
            //每个层都必须指定 top 属性,否则程序将出错
            belowDiv="lay"+(index+i);
            //被单击选项下面的选项对应层对象的 top 为:原来 top+被单击选项的子选项对应层对象高度
            clientHeight. document.getElementById(belowDiv).style.top=parseInt(document.
                getElementById(belowDiv).style.top)+document.getElementById(clickDivSub).clientHeight;
            //被单击选项下面选项的子选项对应层对象的 id
            belowSub=belowDiv+"Sub";
```

//被单击选项下面选项的子选项对应层对象的 top 为:原来子选项 top+被单击选项的子选项对应层对象高度

```
        clientHeight, document.getElementById(belowSub).style.top=parseInt(document.getElementById
        (belowSub).style.top)+document.getElementById(clickDivSub).clientHeight;
    }
    //第4项单独设定
    document.getElementById("lay4").style.top=parseInt(document.getElementById("lay4").style.top)
    +document.getElementById(clickDivSub).clientHeight;
}
else if(theImgSrc.indexOf("jian.gif")>0)
{
    document.images[clickDivImg].src="add.gif";
    clickDivSub="lay"+index+"Sub";
    belowDiv="lay"+(index+1);
    document.getElementById(clickDivSub).style.visibility="hidden";
    for(var i=1;i<4-index;i++)
    {   belowDiv="lay"+(index+i);
        document.getElementById(belowDiv).style.top=parseInt(document.getElementById(belowDiv).
        style.top)-document.getElementById(clickDivSub).clientHeight;
        belowSub=belowDiv+"Sub";
        document.getElementById(belowSub).style.top=parseInt(document.getElementById(belowSub).
        style.top)-document.getElementById(clickDivSub).clientHeight;
    }
    document.getElementById("lay4").style.top=parseInt(document.getElementById("lay4").style.top)
    -document.getElementById(clickDivSub).clientHeight;
}
}
</script>
<body>
<div id="parentLay">
<div id="lay0" style="position:absolute;top:24px">
<table cellspacing=0 cellpadding=0>
<tr>
<td width=16 height=16><img src="title.gif"></td><td> 标题:JavaScript 课程</td>
</tr>
</table>
</div>
```

```html
<!--lay1 begin-->
<div id="lay1" style="position:absolute;top:42px;visibility:visible">
<table cellspacing=0 cellpadding=0>
<tr>
<td><img id="lay1picture" src="add.gif"></td>
<td><img src="f1.gif"></td>
<td> <a href="JavaScript:moveSub(1)">第一章</a></td>
</tr>
</table>
</div>
<!--lay1 end-->
<!--lay1_sub begin-->
<div id="lay1Sub" style="position:absolute;top:0px;visibility:hidden">
<table cellspacing=0 cellpadding=0>
<tr>
<td height=16px><img src="line1.gif"></td>
<td><img src="line2.gif"></td>
<td><img src="f11.gif"></td><td> <a href="1001.html" target="right">语言介绍</a>
</td>
</tr>
<tr>
<td height="16px"><img src="line1.gif"></td>
<td><img src="line2.gif"></td>
<td><img src="f12.gif"></td>
<td> <a href="1002.html" target="right">语言基础</a></td>
</tr>
<tr>
<td height=16px><img src="line1.gif"></td>
<td><img src="line2.gif"></td>
<td><img src="f13.gif"></td><td> <a href="1003.html" target="right">对象讲解</a>
</td>
</tr>
</table>
</div>
<!--lay1_sub end-->
```

```html
<!--lay2 begin-->
<div id="lay2" style="position:absolute;top:64px">
<table cellspacing=0 cellpadding=0>
<tr>
<td><img id="lay2picture" src="add.gif"></td>
<td><img src="f2.gif"></td>
<td> <a href="JavaScript:moveSub(2)">第二章</a></td>
</tr>
</table>
</div>
<!--lay2 end-->
<div id="lay2Sub" style="position:absolute;top:0px;visibility:hidden">
<table cellspacing=0 cellpadding=0>
<tr>
<td height=16px><img src="line1.gif"></td>
<td><img src="line2.gif"></td>
<td><img src="f21.gif"></td>
<td> <a href="2001.html" target="right">显示星期</a>
</td>
</tr>
<tr>
<td height=16px><img src="line1.gif"></td>
<td><img src="line2.gif"></td>
<td><img src="f12.gif"></td>
<td> <a href="2002.html" target="right">显示日期</a></td>
</tr>
<tr>
<td height=16px><img src="line1.gif"></td>
<td><img src="line2.gif"></td>
<td><img src="f13.gif"></td>
<td> <a href="2003.html" target="right">图片动画</a>
</td>
</tr>
<tr>
<td height=16px><img src="line1.gif"></td>
<td><img src="line2.gif"></td>
<td><img src="f24.gif"></td>
```

```
<td> <a href="2004.html" target="right">样式对象</a>
</td>
</tr>
</table>
</div>
<!--lay3 begin-->
<div id="lay3" style="position:absolute;top:86px">
<table cellspacing=0 cellpadding=0>
<tr>
<td><img id="lay3picture" src="add.gif"></td>
<td><img src=" f12.gif"></td>
<td> <a href="JavaScript:moveSub(3)">第三章</a>
</td>
</tr>
</table>
</div>
<!--lay3_sub begin-->
<div id="lay3Sub" style="position:absolute;top:0px;visibility: hidden">
<table cellspacing=0 cellpadding=0>
<tr>
<td height=16px><img src="line1.gif"></td>
<td><img src="line2.gif"></td>
<td><img src="f21.gif"></td>
<td> <a href="3001.html" target="right">状态栏目</a>
</td>
</tr>
<tr>
<td height=16px><img src="line1.gif"></td>
<td><img src="line2.gif"></td>
<td><img src="f13.gif"></td>
<td> <a href="3002.html" target="right">标题栏目</a>
</td>
</tr>
</table>
</div>
<!--lay3_sub end-->
<!--lay4 begin-->
```

```
<div id="lay4" style="position:absolute;top:108px">
<table cellspacing="0" cellpadding="0">
<tr>
<td><img id="lay4picture" src="line3.gif"></td>
<td><img src="f4.gif"></td>
<td> <a href="8001.html" target="right">结束小结</a>
</td>
</tr>
</table>
</div>
<!--lay4 end-->
</div>
<!--lay end-->
</body>
</html>
```

6. 重点代码分析

(1) 在页面上显示树形目录内容时，其主选项所在层对象都设置为可见。例如，第1个主选项代码为：

```
<div id="lay1" style="position:absolute;top:42px;visibility:visible">
<table cellspacing="0" cellpadding="0">
<tr>
<td><img id="lay1picture" src="add.gif"></td>
<td><img src="f1.gif"></td>
<td> <a href="JavaScript:moveSub(1)">第一章</a>
</td>
</tr>
</table>
</div>
```

(2) 网页上的子选项，对应层对象的初始值都为隐藏。例如：

```
<!--lay1_sub begin-->
<div id="lay1Sub" style="position:absolute;top:0px;visibility:hidden">
```

(3) 在脚本程序中，如果该主选项没有展开，则设置其子选项层对象为显示，并且子选项对应层对象top，应该是单击前下一个选项对应层对象top值。即：

`document.getElementById(clickDivSub).style.top=document.getElementById(belowDiv).style.top;`

此时，下面各选项对应层对象的位置要向下移动，移动的距离为所展开子选项层对象的高度clientHeight。也就是说，新的top为：原来top＋被单击选项的子选项对应层对象高度clientHeight。即：

document.getElementById(belowDiv).style.top=parseInt(document.getElementById(belowDiv).style.top)+document.getElementById(clickDivSub).clientHeight

（4）如果该主选项已经展开，则设置其子选项层对象为隐藏，并且下面选项及其子选项对应层对象要向上移动。应该是没单击前对应层对象 top 值，减去隐藏子选项层对象的高度 clientHeight。即：

document.getElementById(belowDiv).style.top=parseInt(document.getElementById(belowDiv).style.top)−document.getElementById(clickDivSub).clientHeight

（5）最后一个选择项一定要单独处理，否则程序会出错。

8.1.2 任务拓展：使用表格设计多级树形目录

1.实例效果

在网页文档区域显示树形目录，如图 8.2 所示。

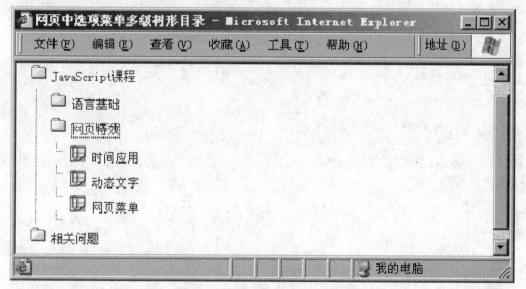

图 8.2 使用表格设计树形目录导航效果

2.任务要求

与上例类似，在网页文档区域显示一个由框架构成的三区域页面：横向上部为标题部分；下部左侧为显示目录页面，页中为二级树形目录菜单，单击主选项时展开下级选项菜单内容并可以链接进入，再次单击主选项时隐藏下级选项菜单；下部右侧用于显示具体链接内容页面。

3.程序设计思路

将各级树形目录内容放在表格内并控制单元格的显示或隐藏，实现目录的展开和收缩。

4.技术要点

（1）定义表格样式的 display 属性，控制其显示或隐藏。display 设置为 none，则单元格隐藏；为 block，则单元格显示。

（2）用 evel() 函数实现对表达式的运算。如：menuId=evel("menu"+theId)

5.程序代码编写

```html
<!DOCTYPE html>
<html>
<head>
<title>网页中选项菜单多级树形目录</title>
<META NAME="liyuncheng" CONTENT="Email:yunchengli@ sina .com">
<style>
  td{text-align:left;font-size:9pt}
  a{text-decoration:none}
</style>
</head>
<Script Language="JavaScript">
<!--
function ShowSub(theId){
  menuId=eval("menu"+theId);
  if(menuId.style.display=="none")
  {      menuId.style.display="block";
  }
  else
  {      menuId.style.display="none";
  }
}
-->
</script>
<body>
<table>
<!--主目录1-->
<tr>
  <td colspan=2><img src="foldericon.gif" width="16" height="16">
    <a href="javascript:ShowSub('0')">JavaScript 课程</a>
  </td>
</tr>
<!--主目录1下的1级子目录1-->
<tr id="menu0" style="display:none">
  <td width="13px" background="line1.gif"></td>
    <!--缩进-->
  <td><table>
```

```html
<!--2级子目录0_01-->
<tr>
<td colspan=2><img src="foldericon.gif" width="16" height="16">
<a href="javascript:ShowSub('0_01')">语言基础
</td>
</tr>
<tr id="menu0_01" style="display:none">
<!--缩进-->
<td width="13px" background="line2.gif">
</td>
<td>
<table>
<!--3级子目录0_01_01-->
<tr>
<td colspan=2><img src="fold.gif" width="16" height="16">
<a href="1101.htm" target="right">语言介绍
</td>
</tr>
<!--3级子目录0_01_02-->
<tr>
<td colspan=2><img src="fold.gif" width="16" height="16">
<a href="1102.htm" target="right">数据类型
</td>
</tr>
<!--3级子目录0_01_03-->
<tr>
<td colspan=2><img src="fold.gif" width="16" height="16">
<a href="1103.htm" target="right">内置对象
</td>
</tr>
</table>
</td>
</tr>
<!--2级子目录0_02-->
<tr>
<td colspan=2><img src="foldericon.gif" width="16" height="16">
<a href="javascript:ShowSub('0_02')">网页特效
```

```html
</td>
</tr>
<tr id="menu0_02" style="display:none">
<!--缩进-->
<td width="13px" background="line3.gif">
</td>
<td>
<table>
<!--3级子目录0_02_01-->
<tr>
<td colspan=2><img src="fold.gif" width="16" height="16">
<a href="1201.htm" target="right">时间应用
</td>
</tr>
<!--3级子目录0_02_02-->
<tr>
<td colspan=2><img src="fold.gif" width="16" height="16">
<a href="1202.htm" target="right">动态文字
</td>
</tr>
<!--3级子目录0_02_03-->
<tr>
<td colspan=2><img src="fold.gif" width="16" height="16">
<a href="1203.htm" target="right">网页菜单
</td>
</tr>
</table>
</td>
</tr>
</table>
</td>
</tr>
<!--主目录2-->
<tr>
<td colspan=2><img src="foldericon.gif" width="16" height="16">
<a href="javascript:ShowSub('1')">相关问题</a>
</td>
```

```
</tr>
<!--主目录 2 下的 1 级子目录 1-->
<tr id="menu1" style="display:none">
<!--缩进-->
<td width="13px" background="line3.gif">
</td>
<td>
<table>
<!--2 级子目录 1_01-->
<tr>
<td colspan=2><img src="fold.gif" width="16" height="16">
<a href="2101.htm" target="right">客户端应用</a>
</td>
</tr>
<!--2 级子目录 1_02-->
<tr>
<td colspan=2><img src="fold.gif" width="16" height="16">
<a href="2102.htm" target="right">服务器端应用</a>
</td>
</tr>
</table>
</td>
</tr>
</table>
</body>
</html>
```

8.2 利用 CSS 和 JavaScript 技术设计动态菜单

8.2.1 伸缩菜单

1.实例效果

网页文档区中显示伸缩菜单效果。如图 8.3 所示。

2.任务要求

在页面文档区中,当鼠标单击带有向右指向箭头选项时伸开选项;当单击带有向下指向箭头选项时缩回选项。当鼠标指向伸开选项时选项深色显示,同时还有一个向右指向的

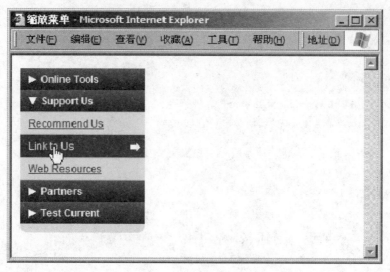

图 8.3 伸缩菜单效果

箭头。

3. 程序设计思路

通过利用 CSS 技术来设置菜单各个选项及其显示效果。对菜单的伸缩处理利用面向对象编程设置其属性和方法，控制选项的伸展和收缩。

4. 技术要点

(1) 在文档区域使用层对象作为容器来嵌入块对象，显示各个选项，通过设置其属性控制显示或隐藏。这里要注意定义相应标记的 class 属性。

(2) 定义 CSS 对各级属性进行设置。所用到的属性包括 width、height、overflow、background-image、display、padding、font-weight、color、background、cursor、border-bottom 等。例如：

```
display: block;
padding: 5px 25px;
font-weight: bold;
color: white;
background: url(expanded.gif)no-repeat 10px center;
cursor: default;
border-bottom: 1px solid #000DDD;
```

(3) 利用面向对象编程进行 JS 文件设计。先定义一个对象 SDMenu()初始化一些属性，然后为对象添加必要的方法。包括为对象添加 init()方法以允许鼠标单击某项进行缩放设置；为对象添加 toggleMenu()方法以识别所选择的内容；为对象添加 collapseMenu()方法以设置菜单缩回；为对象添加 collapseOthers()方法以设置缩回其他对象；为对象添加 expandAll()方法以伸开所有选项；为对象添加 collapseAll()方法以缩回所有选项；为对象添加 memorize()方法以记住前面的选择等。

5.程序代码编写

(1)html 文件

```html
<!DOCTYPE html>
<html xmlns="http://www.w3.org/1999/xhtml">
<head>
<title>缩放菜单</title>
<meta http-equiv="Content-Type" content="text/html; charset=gb2312" />
<META NAME="liyuncheng" CONTENT="Email:yunchengli@sina.com">
<link rel="stylesheet" type="text/css" href="sdmenu/sdmenu.css" />
<script type="text/javascript" src="sdmenu/sdmenu.js">
</script>
<script type="text/JavaScript">
<!--
var myMenu;
window.onload=function(){
    myMenu=new SDMenu("my_menu");
    myMenu.init();
};
-->
</script>
</head>
<body>
<!-- 定义页面所显示的内容 -->
<div style="float: left" id="my_menu" class="sdmenu">
    <div>
        <span>Online Tools
        </span>
        <a href="http://">Image Optimizer</a>
        <a href="http://">FavIcon Generator</a>
        <a href="http://">Email Ridder</a>
        <a href="http://">htaccess Password</a>
        <a href="http://">Gradient Image</a>
        <a href="http://">Button Maker</a>
    </div>
    <div>
```

```html
        <span>Support Us
        </span>
        <a href="http://">RecommendUs</a>
        <a href="http://">Link to Us</a>
        <a href="http://">Web Resources</a>
    </div>
    <div class="collapsed">
        <span>Partners
        </span>
        <a href="http://">JavaScript Kit</a>
        <a href="http://">CSS Drive</a>
        <a href="http://">CodingForums</a>
        <a href="http://">CSS Examples</a>
    </div>
    <div>
        <span>Test Current
        </span>
        <a href="? foo=bar">Current or not</a>
        <a href="./">Current or not</a>
        <a href="index.html">Current or not</a>
        <a href="index.html? query">Current or not</a>
    </div>
</div>
<div style="padding-left: 200px">
    <pre> </pre>
</div>
</body>
</html>
```

(2) CSS 代码

```css
div.sdmenu {
    width: 150px;
    font-family: Arial, sans-serif;
    font-size: 12px;
    padding-bottom: 10px;
    background: url(bottom.gif) no-repeat right bottom;
    color: #000FFF;
}
```

```css
div.sdmenu div {
    background: url(title.gif) repeat-x;
    overflow: hidden;
}
div.sdmenu div:first-child {
    background: url(toptitle.gif) no-repeat;
}
div.sdmenu div.collapsed {
    height: 25px;
}
div.sdmenu div span {
    display: block;
    padding: 5px 25px;
    font-weight: bold;
    color: white;
    background: url(expanded.gif) no-repeat 10px center;
    cursor: default;
    border-bottom: 1px solid #000DDD;
}
div.sdmenu div.collapsed span {
    background-image: url(collapsed.gif);
}
div.sdmenu div a {
    padding: 5px 10px;
    background: #000EEE;
    display: block;
    border-bottom: 1px solid #000DDD;
    color: #000066;
}
div.sdmenu div a.current {
    background: #000CCC;
}
div.sdmenu div a:hover {
    background: #000066 url(linkarrow.gif) no-repeat right center;
    color: #000FFF;
    text-decoration: none;
}
```

（3）sdmenu.js

```javascript
//面向对象编程代码
//先定义一个对象SDMenu(),初始化一些属性
function SDMenu(id)
{
    if(! document.getElementById ||! document.getElementsByTagName)
        return false;
    this.menu=document.getElementById(id);
    this.submenus=this.menu.getElementsByTagName("div");
    this.remember=true;
    this.speed=3;
    this.markCurrent=true;
    this.oneSmOnly=false;
}
//为对象添加init()方法以允许鼠标单击某项进行缩放设置
SDMenu.prototype.init=function(){
    var mainInstance=this;
    for(var i=0; i<this.submenus.length; i++)
        //调用鼠标onclick事件
        this.submenus[i].getElementsByTagName("span")[0].onclick=function(){
            mainInstance.toggleMenu(this.parentNode);
        };
    if(this.markCurrent)
    {var links=this.menu.getElementsByTagName("a");
        for(var i=0; i<links.length; i++)
            if(links[i].href==document.location.href)
            {links[i].className="current";
                break;
            }
    }
    if(this.remember)
    {var regex=new RegExp("sdmenu_"+encodeURIComponent(this.menu.id)+"=([01]+)");
        var match=regex.exec(document.cookie);
        if(match)
        {var states=match[1].split("");
            for(var i=0; i<states.length; i++)
```

```javascript
                this.submenus[i].className=(states[i]==0?"collapsed":"");
            }
        }
    };
    //为对象添加 toggleMenu()方法以识别所选择的内容
    SDMenu.prototype.toggleMenu=function(submenu){
        if(submenu.className=="collapsed")
            this.expandMenu(submenu);
        else
            this.collapseMenu(submenu);
    };
    //为对象添加 expandMenu()方法以设置菜单伸开
    SDMenu.prototype.expandMenu=function(submenu){
        var fullHeight=submenu.getElementsByTagName("span")[0].offsetHeight;
        var links=submenu.getElementsByTagName("a");
        for(var i=0;i<links.length;i++)
            fullHeight+=links[i].offsetHeight;
        var moveBy=Math.round(this.speed * links.length);
        var mainInstance=this;
        var intId=setInterval(function(){
            var curHeight=submenu.offsetHeight;
            var newHeight=curHeight+moveBy;
            if(newHeight<fullHeight)
                submenu.style.height=newHeight+"px";
            else{
                clearInterval(intId);
                submenu.style.height="";
                submenu.className="";
                mainInstance.memorize();
            }
        },30);
        this.collapseOthers(submenu);
    };
    //为对象添加 collapseMenu()方法以设置菜单缩回
    SDMenu.prototype.collapseMenu=function(submenu){
        var minHeight=submenu.getElementsByTagName("span")[0].offsetHeight;
        var moveBy=Math.round(this.speed * submenu.getElementsByTagName("a").length);
```

```javascript
        var mainInstance=this;
        var intId=setInterval(function(){
            var curHeight=submenu.offsetHeight;
            var newHeight=curHeight - moveBy;
            if(newHeight > minHeight)
                    submenu.style.height=newHeight+"px";
            else {
                    clearInterval(intId);
                    submenu.style.height="";
                    submenu.className="collapsed";
                    mainInstance.memorize();
                    }
            }, 30);
    };
//为对象添加 collapseOthers()方法以设置缩回其他对象
SDMenu.prototype.collapseOthers=function(submenu){
    if(this.oneSmOnly)
        {for(var i=0; i<this.submenus.length; i++)
                if(this.submenus[i]!=submenu && this.submenus[i].className!="collapsed")
                    this.collapseMenu(this.submenus[i]);
        }
    };
//为对象添加 expandAll()方法以伸开所有选项
SDMenu.prototype.expandAll=function(){
    var oldOneSmOnly=this.oneSmOnly;
    this.oneSmOnly=false;
    for(var i=0; i<this.submenus.length; i++)
      if(this.submenus[i].className=="collapsed")
            this.expandMenu(this.submenus[i]);
    this.oneSmOnly=oldOneSmOnly;
    };
//为对象添加 collapseAll()方法以缩回所有选项
SDMenu.prototype.collapseAll=function(){
    for(var i=0; i<this.submenus.length; i++)
      if(this.submenus[i].className!="collapsed")
        this.collapseMenu(this.submenus[i]);
    };
```

```
//为对象添加 memorize()方法以记住前面的选择
SDMenu.prototype.memorize=function(){
    if(this.remember)
    {       var states=new Array();
            for(var i=0; i<this.submenus.length; i++)
            states.push(this.submenus[i].className=="collapsed" ? 0 : 1);
            var d=new Date();
            d.setTime(d.getTime()+(30 * 24 * 60 * 60 * 1000));
            document.cookie="sdmenu_"+encodeURIComponent(this.menu.id)+"="
            +states.join("")+"; expires="+d.toGMTString()+"; path=/";
    }
};
```

6.重点代码分析

在主程序中使用特别形式,对 JS 文件进行调用如下：

```
window.onload=function(){
    myMenu=new SDMenu("my_menu");
    myMenu.init();
};
```

8.2.2 设计弹出菜单

1.实例效果

网页文档区中鼠标指向链接时会弹出菜单效果。如图 8.4 所示。

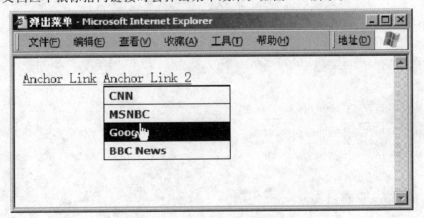

图 8.4 弹出菜单

2.任务要求

在页面文档区中,当鼠标指向特定链接 Anchor Lind 和 Anchor Link 2 时弹出相应的菜单选项,鼠标指向选项时选项上呈现黑色的条,同时可以单击选中相应链接。当鼠标离开特定链接时弹出菜单消失。

3.程序设计思路

通过利用 CSS 技术来设置菜单各个选项及其显示效果。对弹出菜单的处理利用 JS 文件编程设置其属性和方法，控制选项的弹出和消失。

4.技术要点

（1）在页面上链接地方设置使用事件调用相应函数

```
<a href="http://www.dynamicdrive.com" onClick="return clickreturnvalue()" onMouseOver="dropdownmenu(this, event, 'anylinkmenu1')">Anchor Link</a>
```

（2）弹出菜单设置函数

```
function getposOffset(what, offsettype){ }
```

5.程序代码编写

（1）html 文件

```
<!DOCTYPE html>
<html>
<head>
<META NAME="liyuncheng" CONTENT="Email:yunchengli@sina.com">
<link rel="stylesheet" type="text/css" href="anylink.css" />
<script type="text/javascript" src="anylink.js">
</script>
</head>
<body>
<!--1st anchor link and menu 通过使用事件 onClick、onMouseover 来调用相应函数 clickreturnvalue()、dropdownmenu(this, event, "anylinkmenu1")实现任务-->
<a href="http://" onClick="return clickreturnvalue()" onMouseOver="dropdownmenu(this, event, 'anylinkmenu1')">Anchor Link</a>
<div id="anylinkmenu1" class="anylinkcss">
<a href="http://">Dynamic Drive</a>
<a href="http://">CSS Drive</a>
<a href="http://">JavaScript Kit</a>
<a href="http://">Coding Forums</a>
<a href="http://">JavaScript Reference</a>
</div>
<!--2nd anchor link and menu -->
<a href="http://" onClick="return clickreturnvalue()" onMouseover="dropdownmenu(this, event, 'anylinkmenu2')">Anchor Link 2</a>
<div id="anylinkmenu2" class="anylinkcss" style="width:150px; background-color:lightyellow">
```

```html
<a href="http://www.cnn.com/">CNN</a>
<a href="http://www.msnbc.com">MSNBC</a>
<a href="http://www.google.com">Google</a>
<a href="http://news.bbc.co.uk">BBC News</a>
</div>
</body>
</html>
```

（2）anylink .css 文件

```css
.anylinkcss{
    position:absolute;
    visibility: hidden;
    border:1px solid black;
    border-bottom-width: 0;
    font:normal 12px Verdana;
    line-height: 18px;
    z-index: 100;
    background-color: #E9FECB;
    width: 205px;
}
.anylinkcss a{
    width: 100%;
    display: block;
    text-indent: 3px;
    border-bottom: 1px solid black;
    padding: 1px 0;
    text-decoration: none;
    font-weight: bold;
    text-indent: 5px;
}
.anylinkcss a:hover{ //鼠标指向选项时选项上呈现黑色的条
    background-color: black;
    color: white;
}
```

（3）anylink.js 文件

```javascript
var disappeardelay=250 //菜单消失持续的时间 onMouseout(时间单位是毫秒)
var enableanchorlink=0 //单击时显示 or 消失菜单(1=显示, 0=消失)
```

```javascript
var hidemenu_onclick=1 //用户在菜单内单击时菜单消失(1=消失,0=不消失)
var ie5=document.all
var ns6=document.getElementById&&！document.all
//弹出菜单设置函数
function getposOffset(what, offsettype)
{
    var totaloffset=(offsettype=="left")? what.offsetLeft: what.offsetTop;
    var parentEl=what.offsetParent;
    while(parentEl！=null)
    {    totaloffset=(offsettype=="left")? totaloffset+parentEl.offsetLeft: totaloffset+parentEl.offsetTop;
        parentEl=parentEl.offsetParent;
    }
return totaloffset;
}
//菜单隐藏设置函数
function showhide(obj, e, visible, hidden)
{
    if(ie5||ns6)
        dropmenuobj.style.left=dropmenuobj.style.top=-500;
    if(e.type=="click" && obj.visibility==hidden || e.type=="mouseover")
        obj.visibility=visible;
    else if(e.type=="click")
        obj.visibility=hidden;
}
//浏览器设置函数
function iecompattest()
{
    return(document.compatMode && document.compatMode！=" BackCompat ")? document.documentElement: document.body
}
//清除菜单边缘设置函数
function clearbrowseredge(obj, whichedge)
{
    var edgeoffset=0;
    if(whichedge=="rightedge")
```

```
{ var windowedge=ie5 && ! window.opera? iecompattest( ).scrollLeft+iecompattest( ).clientWidth
    -15 : window.pageXOffset+window.innerWidth-15
dropmenuobj.contentmeasure=dropmenuobj.offsetWidth;
if(windowedge-dropmenuobj.x<dropmenuobj.contentmeasure)
    edgeoffset=dropmenuobj.contentmeasure-obj.offsetWidth;
}
else{
    var topedge=ie5 && ! window.opera? iecompattest( ).scrollTop : window.pageYOffset
    var windowedge=ie5 && ! window.opera? iecompattest( ).scrollTop+iecompattest( ).clientHeight
        -15 : window.pageYOffset+window.innerHeight -18;
    dropmenuobj.contentmeasure=dropmenuobj.offsetHeight;
    if(windowedge-dropmenuobj.y<dropmenuobj.contentmeasure)
    {   //move up?
        edgeoffset=dropmenuobj.contentmeasure+obj.offsetHeight;
        if((dropmenuobj.y-topedge)<dropmenuobj.contentmeasure)
        //up no good either?
        edgeoffset=dropmenuobj.y+obj.offsetHeight-topedge;
    }
}
return edgeoffset
}
//弹出下拉菜单函数
function dropdownmenu(obj, e, dropmenuID)
{
    if(window.event)
        event.cancelBubble=true;
    else if(e.stopPropagation)e.stopPropagation( )
        if(typeof dropmenuobj! ="undefined")          //隐藏上一个菜单
            dropmenuobj.style.visibility="hidden";
            clearhidemenu( );
    if(ie5||ns6)
    {   obj.onmouseout=delayhidemenu;
        dropmenuobj=document.getElementById(dropmenuID);
        if(hidemenu_onclick)
        dropmenuobj.onclick=function( ){dropmenuobj.style.visibility="hidden";
    }
        dropmenuobj.onmouseover=clearhidemenu;
```

```
        dropmenuobj.onmouseout=ie5? function(){ dynamichide(event)} : function(event)
        { dynamichide(event)}
        showhide(dropmenuobj.style, e, "visible", "hidden");
        dropmenuobj.x=getposOffset(obj, "left");
        dropmenuobj.y=getposOffset(obj, "top");
        dropmenuobj.style.left=dropmenuobj.x-clearbrowseredge(obj,"rightedge ")+"px";
        dropmenuobj.style.top=dropmenuobj.y-clearbrowseredge(obj, " bottomedge ")+
                    obj.offsetHeight+"px";
    }
    return clickreturnvalue();
}
//单击选项记录
function clickreturnvalue()
{
    if((ie5||ns6)&&! enableanchorlink)
        return false;
    else
        return true;
}
//
function contains_ns6(a, b)
{
    while(b.parentNode)
        if((b=b.parentNode)==a)
            return true;
            return false;
}
//动态隐藏函数
function dynamichide(e)
{
    if(ie5&&! dropmenuobj.contains(e.toElement))
        delayhidemenu();
    else if(ns6&&e.currentTarget! =e.relatedTarget&&! contains_ns6(e.currentTarget,
        e.relatedTarget))
        delayhidemenu();
}
```

```
//延时隐藏菜单函数
function delayhidemenu( )
{
delayhide=setTimeout("dropmenuobj.style.visibility='hidden'",disappeardelay);
}
//清除隐藏菜单函数
function clearhidemenu( )
{
if(typeof delayhide!="undefined")
    clearTimeout(delayhide);
}
```

8.3 页面移动菜单

8.3.1 浮在页面可移动的导航菜单

1.实例效果

页面上显示一个浮动的可移动的导航菜单。如图 8.5 所示。

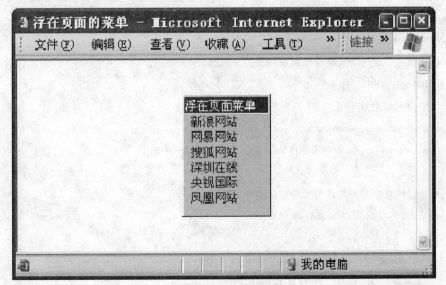

图 8.5　浮在页面可移动的导航菜单效果

2.任务要求

在页面显示可以移动的导航菜单,上部有一个蓝色区域显示菜单名称,下部显示菜单各个选项。当鼠标指向蓝色区域按住左键时可以拖动菜单,当鼠标指向各个选项并单击左键时能够链接到相应页面。

3.程序设计思路

在页面使用层对象显示导航菜单及其内容,按下鼠标左键并测试指针坐标,使得导航菜单的位置跟着鼠标指针移动,达到拖动菜单的效果。

4.技术要点

在页面上利用鼠标事件 event.x 属性确定鼠标指针的坐标位置,将其与导航菜单的位置坐标相联系。另外,还要利用页面上的鼠标事件 onMouseOver,当鼠标指向导航菜单按下鼠标左键并移动时,导航菜单坐标跟着改变。

5.程序代码编写

```
<!DOCTYPE html>
<html>
<head>
<title>浮在页面的菜单</title>
<meta http-equiv="Content-Type" content="text/html; charset=gb2312">
<META NAME="liyuncheng" CONTENT="Email:yunchengli@sina.com">
</head>
<body>
<script>
  var Mouse_Obj="none";
  var pX
  var pY
  document.onmousemove=D_NewMouseMove;
  document.onmouseup=D_NewMouseUp;
  //测试鼠标位置与导航菜单坐标的位置关系函数
  function m(c_Obj){
      Mouse_Obj=c_Obj;
      pX=parseInt(document.all(Mouse_Obj).style.left)-event.x;
      pY=parseInt(document.all(Mouse_Obj).style.top)-event.y;
  }
  //拖动鼠标移动导航菜单的位置变化函数
  function D_NewMouseMove(){
  if(Mouse_Obj!="none")
  {   document.all(Mouse_Obj).style.left=pX+event.x;
      document.all(Mouse_Obj).style.top=pY+event.y;
      event.returnValue=false;
  }
}
```

```
//拖动后放开鼠标控制函数
function D_NewMouseUp(){
    if(Mouse_Obj!="none")
    { Mouse_Obj="none";}
}
</script>
<style>.up {border-right: #711200 1px solid; padding-right: 1px; border-top: white 1px solid; padding-left: 1px; font-size: 9pt; padding-bottom: 1px; border-left: white 1px solid; color: #FF0000; padding-top: 1px; border-bottom: #711200 1px solid; font-family: tahoma; background-color: #EADFD0
}
.down {border-right: #FFFFFF 1px solid; border-top: #711200 1px solid; font-size: 9pt; border-left: #711200 1px solid; cursor: hand; color: #FFFFFF; border-bottom: #FFFFFF 1px solid; font-family: tahoma; background-color: #336699
}
a:link {color: #711200; text-decoration: none
}
a:visited {color: #711200; text-decoration: none
}
a:hover {color: blue; text-decoration: underline
}
</style>
<div class=up id=hello style="; left: expression((document.body.clientWidth-80)/2); width: 90px; position: absolute; top: expression((document.body.clientHeight-120)/2); height: 120px">
<div class=down onmousedown='m("hello")'>浮在页面上的菜单</div>
<div style="padding-left: 5pt"><a href="http://www.sina.com/" target=_"blank">新浪网站</a></div>
<div style="padding-left: 5pt"><a href="http://www.163.com/" target=_"blank">网易网站</a></div>
<div style="padding-left: 5pt"><a href="http://www.sohu.com/" target=_"blank">搜狐网站</a></div>
<div style="padding-left: 5pt"><a href="http://www.szonline.net/" target=_"blank">深圳在线</a></div>
<div style="padding-left: 5pt"><a href="http://www.cctv.com/" target=_"blank">央视国际</a></div>
<div style="padding-left: 5pt"><a href="http://www.ifeng/" target=_"blank">凤凰网站</a></div>
</div>
</body>
</html>
```

8.3.2 浮在页面可移动和显示/隐藏的导航菜单

1. 实例效果

页面上显示一个浮在页面的可移动和显示/隐藏的导航菜单。如图 8.6 所示。

图 8.6　浮在页面可移动和显示/隐藏的导航菜单效果

2. 任务要求

在页面上显示可以移动的导航菜单,菜单上部有一个绿色区域显示菜单名称,下部显示菜单内容。当鼠标指向绿色区域并按住左键时可以拖动菜单,且单击鼠标后将会显示/隐藏。当鼠标指向内容链接选项并单击左键时能够链接到相应页面。

3. 程序设计思路

首先在页面通过层对象显示菜单及其内容,利用样式表定义菜单和指向区域鼠标的属性。当鼠标指向特定区域时,测试若按下鼠标左键发生,则让该菜单坐标与鼠标坐标联系起来并跟着改变。而菜单显示/隐藏则涉及其 CSS 中 style.display 属性的值。

4. 技术要点

定义菜单移动函数 movescontentmain(),当鼠标指向绿色标题栏区域,按下左键并移动时层菜单的坐标跟着鼠标移动,即 zcor.style.pixelLeft＝tempvar1＋event.clientX－xcor。当定义菜单显示/隐藏时,用到其 style.display 属性并对其进行动态设置。

5. 程序代码编写

```
<!DOCTYPE html>
<html>
<head>
  <title>可控制移动和显示/隐藏菜单</title>
  <META NAME="liyuncheng" CONTENT="Email:yunchengli@sina.com">
</head>
```

```
<body>
 <style>
<!--
.drag{position:relative;cursor:hand
}
#scontentmain{
    position:absolute;
    width:150px;
}
#scontentbar{
    cursor:hand;
    position:absolute;
    background-color:green;
    height:15;
    width:100%;
    top:0;
    font:9pt;
}
#scontentsub{
    position:absolute;
    width:100%;
    top:15;
    background-color:lightyellow;
    border:2px solid green;
    padding:1.5px;
}
-->
</style>
<script language="JavaScript1.2">
<!--
var dragapproved=false
var zcor,xcor,ycor
//移动菜单函数
function movescontentmain(){
  if(event.button==1&&dragapproved){
```

```
            zcor.style.pixelLeft=tempvar1+event.clientX-xcor
            zcor.style.pixelTop=tempvar2+event.clientY-ycor
            leftpos=document.all.scontentmain.style.pixelLeft-document.body.scrollLeft
            toppos=document.all.scontentmain.style.pixelTop-document.body.scrollTop
            return false
        }
    }
    //拖动菜单函数
    function dragscontentmain(){
        if(! document.all)
            return
        if(event.srcElement.id=="scontentbar"){
            dragapproved=true
            zcor=scontentmain
            tempvar1=zcor.style.pixelLeft
            tempvar2=zcor.style.pixelTop
            xcor=event.clientX
            ycor=event.clientY
            document.onmousemove=movescontentmain
        }
    }
    document.onmousedown=dragscontentmain
    document.onmouseup=new Function("dragapproved=false")
    -->
    </script>
    <div id="scontentmain">
    <div id="scontentbar" onClick="onoffdisplay()" align="right">
    <span size=1>显示/隐藏</span>
    </div>
    <div id="scontentsub">
    <font face="Arial"><small><small>While we didn't invent JavaScript, we sure as hell created the best site on IT.
    <a href="http://www.sina.com">First Script</a> is considered by many online as the definitive JavaScript technology site on the internet. Online since December, 1997.
    <a href="http://www.sina.com">First Script</a> features over 300+original scripts, 100+
```

tutorials on JavaScript programming and web design, and a highly active programming forum where developers from all over meet and share ideas on their latest projects. Click<b>
<a href="http://www.sina.com"> HERE</a></b>for JavaScript! </small></small>
</font></p>
　</div>
</div>
<script language="JavaScript1.2">
var w=document.body.clientWidth－195
var h=50
////Do not edit pass this line///////////
w+=document.body.scrollLeft
h+=document.body.scrollTop
var leftpos=w
var toppos=h
scontentmain.style.left=w
scontentmain.style.top=h
//显示/隐藏菜单内容函数
function onoffdisplay(){
　if(scontentsub.style.display=="")
　　　scontentsub.style.display="none"
　else
　　　scontentsub.style.display=""
}
//菜单呈现时位置函数
function staticize(){
　　w2=document.body.scrollLeft+leftpos
　　h2=document.body.scrollTop+toppos
　　scontentmain.style.left=w2
　　scontentmain.style.top=h2
}
window.onscroll=staticize
</script>
</body>
</html>

8.4 推拉式导航菜单

本例在 JavaScript 编程中,利用了对象构造器技术,实现对菜单的推拉显示和隐藏的定位,动态地控制导航菜单的推拉效果。

8.4.1 单击推拉式导航菜单

1.实例效果

在浏览器文档区域中动态显示推拉式导航菜单。如图 8.7 所示。

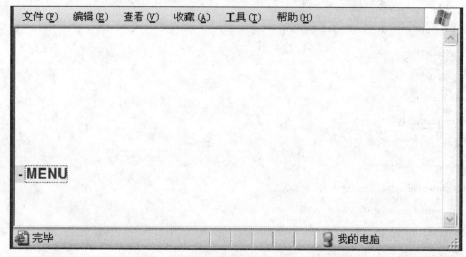

图 8.7 推拉式导航菜单

2.任务要求

在网页文档区域左侧显示推拉式导航菜单效果。鼠标单击名称 MENU 时菜单伸出来,允许选择某个选项链接到相应页面,鼠标再次单击名称 MENU,则菜单收缩回去。

3.程序设计思路

关于推拉式导航菜单问题,其核心是确定菜单的位置坐标,通过单击事件改变和控制其横向位置坐标。起初是缩在左侧,用鼠标单击后将会使菜单的横坐标不断增加,即向右移动使其内容呈现出来,然后再次单击将会使菜单的横坐标不断减小,即向左移动使其内容缩进。

4.制作要点

利用面向对象的编程,定义对象构造器函数 makeMenu(obj,nest),以及菜单缩进函数 mIn()和移出函数 mOut()。然后,通过获得 makeMenu()对象实例 oMenu = new makeMenu("divMenu"),来确定导航菜单的位置坐标,例如 oMenu.css.left = - oMenu.width+lshow。

5.程序代码编写

```html
<!DOCTYPE html>
<html>
<head>
<style>
    #divMenu {font-family:arial,helvetica; font-size:12pt; font-weight:bold}
    #divMenu a{text-decoration:none;}
    #divMenu a:hover{color:red;}
</style>
<script language="JavaScript1.2">
//浏览器类型检查
ie=document.all? 1:0
n=document.layers? 1:0
ns6=document.getElementById&&! document.all? 1:0
//设置一些必要的变量
//处于输出状态时,有多少层是不可见的
lshow=60;
//移动一步的 px 数量
var move=10;
//定时器刷新时间间隔
menuSpeed=40;
//有滚动条时移动菜单
var moveOnScroll=true;
/* ***************************************************
 *****************************************
You should't have to change anything below this.
 *****************************************
 *************************************** */
//定义变量
var ltop;
var tim=0;
//对象构造器定义
function makeMenu(obj,nest)
{
    nest=(! nest)? "":"document."+nest+"."
    if(n)
        this.css=eval(nest+"document."+obj);
```

```
        else if(ns6)
              this.css=document.getElementById(obj).style;
        else if(ie)
              this.css=eval(obj+".style");
        this.state=1;
        this.go=0;
        if(n)
              this.width=this.css.document.width;
        else if(ns6)
              this.width=document.getElementById(obj).offsetWidth;
        else if(ie)
              this.width=eval(obj+".offsetWidth");
        this.left=b_getleft;
        this.obj=obj+"Object";
        eval(this.obj+"=this");
}
//获取 left 位置
function b_getleft()
{
    if(n||ns6)
          { gleft=parseInt(this.css.left);
          }
    else if(ie)
          { gleft=eval(this.css.pixelLeft);
          }
    return gleft;
}
//定义菜单移动函数
function moveMenu()
{
    if(!oMenu.state)
          { clearTimeout(tim);
          mIn();
          }
    else{
          clearTimeout(tim);
          mOut();
```

```
    }
}
//菜单缩进
function mIn()
{       if(oMenu.left()>-oMenu.width+lshow)
    {       oMenu.go=1;
            oMenu.css.left=oMenu.left()-move;
            tim=setTimeout("mIn()",menuSpeed);
    }
    else{
        oMenu.go=0;
        oMenu.state=1;
    }
}
//菜单伸出
function mOut()
{       if(oMenu.left()<0)
    {       oMenu.go=1;
            oMenu.css.left=oMenu.left()+move;
            tim=setTimeout("mOut()",menuSpeed);
    }
    else{   oMenu.go=0;
            oMenu.state=0;
    }
}
//检查页面是否有滚动条
function checkScrolled()
{   if(! oMenu.go)
        oMenu.css.top=eval(scrolled)+parseInt(ltop);
    if(n||ns6)
    setTimeout("checkScrolled()",30);
}
/************************************************
Inits the page, makes the menu object, moves it to the right place,
show it
  ******************************************/
```

```
function menuInit()
{ oMenu=new makeMenu("divMenu")//获得 makeMenu()对象实例
  if(n||ns6)
    scrolled="window.pageYOffset";
  else if(ie)
    scrolled="document.body.scrollTop";
  oMenu.css.left=-oMenu.width+lshow;
  if(n||ns6)
    ltop=oMenu.css.top;
  else if(ie)
    ltop=oMenu.css.pixelTop;
  oMenu.css.visibility="visible";
  if(moveOnScroll)
    ie? window.onscroll=checkScrolled:checkScrolled();
}
//在加载页初始化 menu
window.onload=menuInit;
</script>
</head>
<body>
<div id="divMenu" style="position:absolute; top:150; left:30; visibility:hidden; background-color:F0F0F0">
<nobr>
<a href="http://www.sina.com">Dynamic Drive</a> -
<a href="http://www.sina.com">WA Help Forum</a> -
<a href="http://active-x.com/">Active-X.com</a> -
<a href="javascript://" onclick="moveMenu()" style="background-color:yellow; text-decoration:none">MENU</a>
</nobr>
</div>
</body>
</html>
```

8.4.2 指向推拉式浮动导航菜单

1. 实例效果

在网页文档区域显示浮动导航菜单,当鼠标指向时菜单伸出来,选择选项后或鼠标移开则菜单收缩回去。如图 8.8 所示。

第8章 网页导航菜单

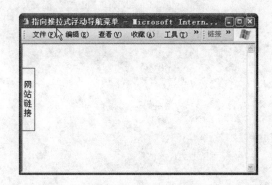
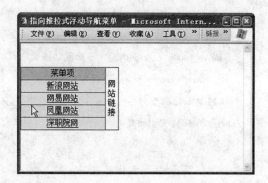

图8.8 指向推拉式导航菜单

2.任务要求

在网页文档区域左侧显示推拉式导航菜单效果。当鼠标指向菜单项时菜单伸出来,选择某个选项链接到相应页面或鼠标移开则菜单收缩回去。

3.程序设计思路

首先想到要用层,并调用鼠标事件 onMouseOver 和 onMouseOut。

然后动态地控制层的显示位置。鼠标指向时弹出,横坐标右移,不断增大,到达位置将其显示出来。鼠标离开菜单时收缩,横坐标不断减小,最后为负值。

4.技术要点

(1)使用对象的 pixeLeft 属性,获取该对象的位置,其返回值为数值型。

(2)left 属性是字符型,通常需要用 parseInt()方法将其转换为整型数。可以利用获取表达式 x 类型的 typeof(x)方法来查验。

5.程序代码编写

```
<！DOCTYPE html>
<html>
<head>
<meta http-equiv="content-type" content="text/html;charset=gb2312">
<MEAT NAME="Liyuncheng" CONTENT="Email:yunchengli@sina.com">
<title>指向推拉式浮动导航菜单</title>
<style>
td {font-size:14;font-family:"宋体";color:black;text-align:center
}
   a{color:black;
   }
</style>
</head>
<script language="JavaScript">
<！--
var menu_width=150;//菜单宽度
```

```javascript
var show_width=20;
var menu_top=40;//菜单垂直方向坐标
var move_mode="smooth";//平滑移动模式
//var move_mode="skip";//跳跃移动模式
//添加菜单前面部分
function addMenuHeader()
{
  content="<div id='float_menu'";
  content+="style='position:absolute;left:0;top:"+menu_top+";";
  content+="z_index:50;width:"+eval(menu_width+20+2)+"'";
  content+=" onmouseover='moveOut()' onmouseout='moveBack()'>";
  content+="<table width='100%' cellpadding='0' cellspacing='1' bgcolor='#555555'>";
  content+="<tr height='20'>";
  content+="<td bgcolor='#CCCCCC' width='"+menu_width+"'>";
  content+="菜单项</td>";
  content+="<td bgcolor='#FFFFCC' rowspan=50 width='"+eval(show_width+2)+"'>";
  content+="网<br>站<br>链<br>接";
  content+="</td></tr>";
  document.write(content);
}
//添加菜单下部内容
function addMenuFoot()
{
  content="</table></div>";
  document.write(content);
}
//添加菜单项
function addItem(text,url,target)
{
  if(!target||target=="")
  {target="_blank";
  }
  content="<tr height='20px'><td bgcolor='#EEEEFF'>";
  content+="<a href='"+url+"' target='"+target+"'>"+text;
  content+="</a></td></tr>";
  document.write(content);
}
```

```
function moveOut()
{
    if(move_mode=="smooth")
        {moveOutSmooth();
        }
    else
        {moveOutSkip();
        }
}
function moveBack()
{
    if(move_mode=="smooth")
        {moveBackSmooth();
        }
    else
        {moveBackSkip();
        }
}
//平滑移出,即多步移出
function moveOutSmooth()
{       //使用 style.left 属性,通过 parseInt()方法取数值
        now_pos=parseInt(document.getElementById("float_menu").style.left);
        if(window.movingBack)
            {clearTimeout(movingBack);//停止移入动作
            }
//判断是否完全移出
    if(now_pos<0)
    {       //得到当前位置与目标位置之间的距离 dx
            dx=0-now_pos;
            //根据 dx 的值决定每步移动多少距离
            if(dx>30)
                document.getElementById("float_menu").style.left=now_pos+5;
            else if(dx>10)
                document.getElementById("float_menu").style.left=now_pos+2;
            else
                document.getElementById("float_menu").style.left=now_pos+1;
            movingOut=setTimeout("moveOutSmooth()",5);
        }
```

```
            else
            {clearTimeout(window.movingOut);//移到位后,停止移出
            }
}
//跳跃式移出,即一步移到位
function moveOutSkip()
{      //采用 style.pixeleft 属性,直接和数值进行比较,不需要采用 parseInt()方法
       if(document.getElementById("float_menu").style.pixelLeft<0)
            document.getElementById("float_menu").style.pixelLeft=0;
}
//平滑移入,即多步移入
function moveBackSmooth()
{
    if(window.movingOut)
        {   clearTimeout(movingOut);//停止移出动作
          }
//判断是否隐藏到位
       if(document.getElementById("float_menu").style.pixelLeft>eval(0-menu_width))
       {//得到当前位置与目标位置的距离 dx
       dx=document.getElementById("float_menu").style.pixelLeft-eval(0-menu_width);
       //根据距离 dx 的大小,决定每步移动多大距离
       if(dx>30)
          document.getElementById("float_menu").style.pixelLeft -=5;
        else if(dx>10)
          document.getElementById("float_menu").style.pixelLeft -=2;
         else
          document.getElementById("float_menu").style.pixelLeft -=1;
       movingBack=setTimeout("moveBackSmooth()",5);
        }
        else
       {clearTimeout(window.movingBack);//移到位后,停止移入
         }
}
//跳跃式移入,即一步移到位
function moveBackSkip()
{
       if(document.getElementById("float_menu").style.pixelLeft>eval(0-menu_ width))
```

```
            document.getElementById("float_menu").style.pixelLeft=eval(0-menu_width);
    }
    //显示菜单的初始化状态
    function init()
    {
            addMenuHeader();
            //根据需要,通过addItem()添加多个菜单项
            addItem("新浪网站","http://www.sina.com","_blank");
            addItem("网易网站","http://www.163.com","_blank");
            addItem("凤凰网站","http://www.ifeng.com","_blank");
            addItem("深职院网","http://www.szpt.edu.cn","_blank");
            addMenuFoot();
            //设置菜单初始位置
            document.getElementById("float_menu").style.left=-menu_width;
            document.getElementById("float_menu").style.visibility="visible";
    }
-->
</script>
<body>
</body>
<script language="JavaScript">
<!--
init();
-->
</script>
</html>
```

6.重点代码分析

菜单内容通过函数 addItem(text,url,target)动态地添加到菜单所在层对象内。另外,菜单的初始位置是利用下面语句完成的:

```
document.getElementById("float_menu").style.left=-menu_width;
document.getElementById("float_menu").style.visibility="visible";
```

在平滑移动函数 moveBackSmooth()中,是根据距离 dx 的大小,决定每步移动多大距离,即:

```
if(dx>30)
document.getElementById("float_menu").style.pixelLeft -=5;
else if(dx>10)
document.getElementById("float_menu").style.pixelLeft -=2;
else
document.getElementById("float_menu").style.pixelLeft -=1;
```

8.4.3 任务拓展:使推拉式菜单显示在浏览器右侧

推拉式菜单显示在浏览器右侧,效果如图 8.9 所示。

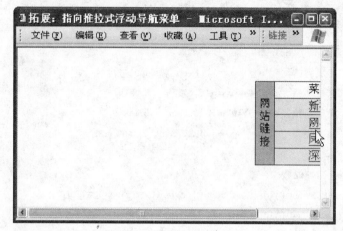

图 8.9 右侧指向推拉式导航菜单

对比 8.4.2 节程序代码,对以下程序进行改动:

```
//平滑移出,即多步移出
function moveOutSmooth()
{
    if(window.mov)
    {    clearTimeout(mov);//停止移动
    }
    if(window.movingBack)
    {    clearTimeout(movingBack);//停止移入动作
    }
    //使用 style.left 属性,要通过 parseInt()方法取数值
    now_pos=parseInt(document.getElementById("float_menu").style.left);
    //判断是否完全移出
    if(now_pos>document.body.clientWidth-150)
    {    //得到当前位置与目标位置之间的距离 dx
        dx=document.body.scrollLeft+700-now_pos; //根据 dx 的值决定每步移动多少距离
        if(dx<30)
            document.getElementById("float_menu").style.left=now_pos-5;
        else if(dx<10)
            document.getElementById("float_menu").style.left=now_pos-2;
        else
            document.getElementById("float_menu").style.left=now_pos-1;
```

```
        movingOut=setTimeout("moveOutSmooth()",5);
    }
    else
    {    clearTimeout(window.movingOut);//移到位后,停止移出
    }
}
//跳跃式移入,即一步移到位
function moveOutSkip()
{//采用 style.pixeleft 属性,直接和数值进行比较,不需要采用 parseInt()方法
    if(document.getElementById("float_menu").style.pixelRight<0)
        document.getElementById("float_menu").style.pixelRight=0;
}
//平滑移入,即多步移入
function moveBackSmooth()
{
    if(window.movingOut)
    {    clearTimeout(movingOut);//停止移出动作
    }//判断是否隐藏到位
    if(document.getElementById("float_menu").style.pixelLeft<(document.body.clientWidth-150))
    {//得到当前位置与目标位置的距离 dx
        dx = document.getElementById("float_menu").style.pixelLeft - eval((document.body.clientWidth-150)-menu_width);
        //根据距离 dx 的大小,决定每步移动多大距离
        if(dx>30)
            document.getElementById("float_menu").style.pixelLeft+=5;
        else if(dx>10)
            document.getElementById("float_menu").style.pixelLeft+=2;
        else
            document.getElementById("float_menu").style.pixelLeft+=1;
        movingBack=setTimeout("moveBackSmooth()",5);
    }
    else
    {    clearTimeout(window.movingBack);//移到位后,停止移入
        move();
    }
}
```

第 9 章　动态位置变化效果

动态位置变化效果是指网页元素的位置动态地发生变化。这种变化可以是以某一段时间为周期进行循环变化，或者是在用户的某种操作下发生变化。有些是图片或者图形的位置发生变化，有些是文字的位置发生变化。本章介绍如何实现这样的动态效果。

9.1　动态对联广告

9.1.1　随滚动条移动的对联广告

1．实例效果

在网页区域的两侧显示对联广告图片，如图 9.1 所示。

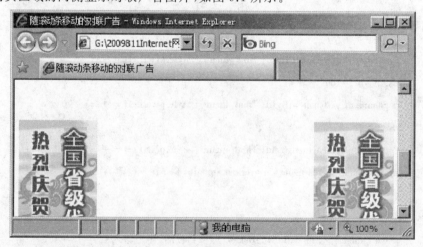

图 9.1　随滚动条移动的对联广告

2．任务要求

在网页文档区域两侧显示对联广告，当在页面中拖动滚动条时对联则显示在相对固定的位置。即广告将随着滚动条的移动而移动，使其呈现在距离顶端不变的位置。

3.程序设计思路

这种效果涉及两个方面技术:

首先编写 HTML 代码;

然后涉及控制对联显示和滚动的代码。包括对联最初显示的坐标位置,以及当滚动条滚动时对联距离页面顶端的位置变化。

4.技术要点

将图片放在层里,通过层坐标控制其在浏览器中的位置,即可以知道具体位置属性。

需要知道窗口当前的滚动情况,即当前页面位于何位置及窗口大小。然后,比较图片位置和窗口之间的关系,来确定层中图片向何方向移动和如何移动。

具体涉及以下两个属性:

(1)通过定义层对象将对联广告图片显示在页面上。这里是用 document.write()方法呈现其相应的属性。

(2)在页面出现滚动条时,注意 document.body.scrollTop 中的 scrollTop 属性,以及显示对联广告层对象的 style.posTop 属性。

5.程序代码编写

(1)html 代码

```html
<!DOCTYPE html>
<html>
<head>
    <title>随滚动条移动的对联广告</title>
<META NAME="liyuncheng" CONTENT="Email:yunchengli@sina.com">
</head>
<body>
<p> </p>
<p> </p>
<p> </p>
<p> </p>
<p> </p>
<p> </p>
<p> </p>
<p> </p>
<p> </p>
<p> </p>
<p>
</p>
<script src="js/ad-01.js" language="JavaScript"></script>
</body>
</html>
```

(2) ad-01.js 代码

```javascript
//JavaScript Document
function initEcAd()
{
    document.all.AdLayer1.style.posTop=-200;
    document.all.AdLayer1.style.visibility="visible";
    document.all.AdLayer2.style.posTop=-200;
    document.all.AdLayer2.style.visibility="visible";
    MoveLeftLayer("AdLayer1");
    MoveRightLayer("AdLayer2");
}
function MoveLeftLayer(layerName)
{
    var x=5; //左侧广告距离页面左端坐标
    var y=50;//左侧广告距离页面顶端高度
    var diff=(document.body.scrollTop+y-document.all.AdLayer1.style.posTop)*.40;
    var y=document.body.scrollTop+y-diff;
    eval("document.all."+layerName+".style.posTop=parseInt(y)");
    eval("document.all."+layerName+".style.posLeft=x");
    setTimeout("MoveLeftLayer('AdLayer1');",20);
}
function MoveRightLayer(layerName)
{
    var x=5; //右侧广告距离页面右端坐标
    var y=50;//右侧广告距离页面顶端高度
    var diff=(document.body.scrollTop+y-document.all.AdLayer2.style.posTop)*.40;
    var y=document.body.scrollTop+y-diff;
    eval("document.all."+layerName+".style.posTop=y");
    eval("document.all."+layerName+".style.posRight=x");
    setTimeout("MoveRightLayer('AdLayer2');",20);
}
document.write("<div id=AdLayer1 style='position:absolute;visibility:hidden;z-index:1'><a href='http://www.pqshow.com/union' target='_blank'><img src=images/ad-01.gif border='0'></a></div>"
+"<div id=AdLayer2 style='position:absolute;visibility:hidden;z-index:1'><a href='http://www.pqshow.com/union' target='_blank'><img src=images/ad-01.gif border='0'></a></div>");
```

```
//调用函数确定图片当前位置
initEcAd( )
```

6.任务拓展

在该效果的基础上,再加上带有关闭功能的广告效果。

实例效果如图 9.2 所示。本实例采用另外一种编程方法实现任务要求。

图 9.2　带有关闭功能的随滚动条移动对联广告

(1)HTML 代码

```
<html>
<head>
<META http-equiv="Content-Type" CONTENT="text/html;charset=gb2312"/>
<MEAT NAME="Liyuncheng" CONTENT="Email:yunchengli@sina.com"/>
<META NAME="description" CONTENT="分享 JavaScript 学习成果,积累最好的 JavaScript 资料"/>
<META CONTENT="JavaScript 中文网" name="keywords"/>
<title>带有关闭功能的随滚动条移动对联广告</title>
</head>
<body>
<script language=JavaScript src="js/scroll.js"></script>
```

```html
<table width="778" height="1000" border="0" align="center" cellpadding="0" cellspacing="0" bgcolor="#F4F4F4">
  <tr>
    <td> </td>
  </tr>
</table>
</body>
</html>
```

（2）scroll.js 代码编程

```javascript
suspendcode="<DIV id=lovexin1 style='Z-INDEX: 10; left: 6px; position: absolute; top: 105px; width: 100; height: 300px;'><img src='images/close.gif' onClick='javascript:window.hide()' width='100' height='14' border='0' vspace='3' alt='关闭对联广告'>
<a href='http://www.makewing.com/lanren/' target='_blank'><img src='images/ad_100x300.jpg' width='100' height='300' border='0'></a></DIV>"
document.write(suspendcode);

suspendcode="<DIV id=lovexin2 style='Z-INDEX: 10; left: 896px; position: absolute; top: 105px; width: 100; height: 300px;'><img src='images/close.gif' onClick='javascript:window.hide()' width='100' height='14' border='0' vspace='3' alt='关闭对联广告'>
<a href='http://www. makewing.com /lanren/' target='_blank'><img src='images/ad_100x300.jpg' width='100' height='300' border='0'></a></DIV>"
document.write(suspendcode);
//flash 格式调用方法
<EMBED src="flash.swf" quality=high width=100 height=300 type="application/x-shockwave-flash" id=ad wmode=opaque></EMBED>
lastScrollY=0;
function heartBeat(){
    diffY=document.body.scrollTop;
    percent=.3*(diffY-lastScrollY);
    if(percent>0)
        percent=Math.ceil(percent);
    else
        percent=Math.floor(percent);
    //纵坐标变化
    document.all.lovexin1.style.pixelTop+=percent;
    document.all.lovexin2.style.pixelTop+=percent;
    lastScrollY=lastScrollY+percent;
```

```
    //横坐标变化
    lovexin1.style.left=document.body.scrollLeft+6;
    lovexin2.style.left=document.body.scrollLeft+document.body.clientWidth-106;
}
//关闭隐藏广告
function hide(){
    lovexin1.style.visibility="hidden";
    lovexin2.style.visibility="hidden";
}
window.setInterval("heartBeat()",1);
```

9.1.2 QQ在线咨询链接上下浮动型代码

1.实例效果

在网页区域两侧显示几个随着滚动条移动而位置固定的图片链接。如图9.3所示。

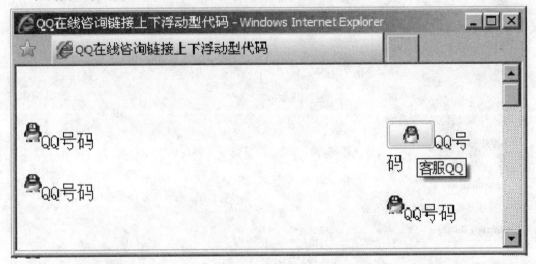

图9.3 QQ在线咨询链接上下浮动型代码

2.任务要求

在页面的两侧各显示两组图片链接,当页面滚动条向上或向下改变时图片相对位置固定。当鼠标指向图片时分别给出提示信息:客服QQ和在线技术支持QQ,单击链接时会链接到相应网页。

3.程序设计思路

这种效果涉及两个方面技术:

首先利用JavaScript面向对象编程,定义图片显示在页面上;

然后考虑如何设置特定图片、位置坐标及其属性,页面显示要用到setInterval()函数,不断刷新,随时确定图片显示属性。

4.技术要点

(1)定义一个在层中显示链接图片及其属性设置的对象构造函数 floaters(),在其中定义 addItem()方法,参数包括层的 id、横向坐标、纵向坐标和显示属性。

(2)定义控制 QQ 在线咨询客服代码显示方法 play(),以便随时刷新确认图片位置。

5.程序代码编写

```html
<html>
<head>
<META http-equiv="Content-Type" CONTENT="text/html; charset=gb2312" />
<META name="Liyuncheng" CONTENT="爱 JavaScript 中文网 http://www.ijavascript.cn/" />
<META name="description" CONTENT="QQ 在线咨询链接上下浮动型代码" />
<META CONTENT="爱 JavaScript 中文网" NAME="keywords" />
<title>QQ 在线咨询链接上下浮动型代码</title>
</head>
<body>
<br><br><br><br><br><br><br><br><br><br><br><br><br>
<br><br><br><br><br><br><br><br><br><br><br><br><br>
<br><br><br><br><br><br><br><br><br><br><br><br><br>
<br><br><br><br><br><br><br><br><br><br><br><br><br>
<br><br><br><br><br><br><br><br>
<!-- QQ 浮动广告开始 -->
<script>
var delta=0.15
var collection;
//层中显示图片对象构造函数
function floaters()
{
    this.items=[];
    this.addItem=function(id,x,y,content){
        document.write('<div id='+id+'style="Z-INDEX: 10; position: absolute;width:80px; height:30px;left:'+(typeof(x)=='string'? eval(x):x)+';top:'+(typeof(y)=='string'? eval(y):y)+'">'+content+'</div>');
        var newItem={};
        newItem.object=document.getElementById(id);
        newItem.x=x;
        newItem.y=y;
        this.items[this.items.length]=newItem;
```

```javascript
}
this.play=function(){
    collection=this.items;
    setInterval("play()",10);
}
}
//控制QQ在线咨询客服代码的显示方法
function play()
{
    if(screen.width<=800)
    {   for(var i=0;i<collection.length;i++)
        {   collection[i].object.style.display="none";
        }
        return;
    }
for(var i=0;i<collection.length;i++)
{   var followObj=collection[i].object;
    var followObj_x=(typeof(collection[i].x)=="string"? eval(collection[i].x):collection[i].x);
    var followObj_y=(typeof(collection[i].y)=="string"? eval(collection[i].y):collection[i].y);
    if(followObj.offsetLeft!=(document.body.scrollLeft+followObj_x))
    {   var dx=(document.body.scrollLeft+followObj_x-followObj.offsetLeft)*delta;
        dx=(dx>0? 1:-1)*Math.ceil(Math.abs(dx));
        followObj.style.left=followObj.offsetLeft+dx;
    }
    if(followObj.offsetTop!=(document.body.scrollTop+followObj_y))
    {   var dy=(document.body.scrollTop+followObj_y-followObj.offsetTop)*delta;
        dy=(dy>0? 1:-1)*Math.ceil(Math.abs(dy));
        followObj.style.top=followObj.offsetTop+dy;
    }
    followObj.style.display="";
    }
}
//定义floaters()的对象实例theFloaters
var theFloaters=new floaters();
```

```
//为实例的 addItem()方法中的参数赋值
theFloaters.addItem("followDiv1",document.body.clientWidth-106",80,'<a href="#" target="_blank"><a href="http://wpa.qq.com/msgrd?V=1&amp;Uin=83744378&amp;Site=www.ijavascript.cn&amp;Menu=yes"target="-blank"><img src="images/QQoffline.gif" alt="客服 QQ" border="0"></a>QQ 号码<br><br><a href="http://wpa.qq.com/msgrd?V=1&amp;Uin=125146711&amp;Site=www.ijavascript.cn&amp;Menu=yes"target="blank">
<img src="http://www.ijavascript.cn/tools/codedemo/float-drag-js-for-qqonline-30/images/QQoffline.gif" alt="QQ 在线技术支持"border="0"></a>QQ 号码');
theFloaters.addItem("followDiv2",6,80,'<A href="http://wpa.qq.com/msgrd?V=1&amp;Uin=19325450&amp;Site=www.ijavascript.cn&amp;Menu=yes"target="_blank">
<img src="http://www.ijavascript.cn/tools/codedemo/float-drag-js-for-qqonline-30/images/QQoffline.gif" alt="QQ 客服"border="0"></a>QQ 号码<br><br>
<a href="http://wpa.qq.com/msgrd?V=1&amp;Uin=121929982&amp;Site=www.ijavascript.cn&amp;Menu=yes"target="_blank">
<img src="http://www.ijavascript.cn/tools/codedemo/float-drag-js-for-qqonline-30/images/QQoffline.gif" alt="QQ 在线技术支持"border="0"></a>QQ 号码<br>');
//调用 theFloaters 实例的 play()方法,刷新显示图片信息
theFloaters.play();
</script>
<!-- QQ 浮动广告结束 -->
</body>
</html>
```

9.1.3 任务拓展：位于页面带有 Flash 浮动广告的代码编写

1. 实例效果

在网页区域显示一个图片和 Flash 动画的浮动广告,随着窗口滚动条变化而位置保持在窗口相对固定位置。如图 9.4 所示。

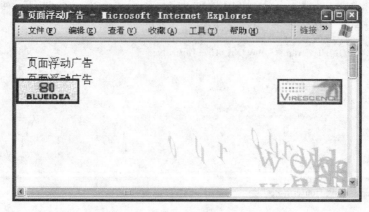

图 9.4 显示图片和 Flash 动画的浮动广告

2.任务要求

在页面左右端呈现图片广告,页面中部显示一个 Flash 动画,当鼠标拖动滚动条时它们会动态显示在页面相对固定的位置。

3.程序设计思路

将图片和 Flash 动画分别放在层里,通过层位置控制器在浏览器中的位置,可以知道具体位置属性。

需要知道窗口当前的滚动情况,即当前页面位于哪个位置及窗口大小。

比较图片位置和窗口之间的关系,来确定层中图片向哪个方向移动和如何移动。

4.技术要点

在页面中使用程序技术加入层,并将 gif 或 flash 动画放入其中。

这里另外涉及用 JavaScript 程序实现网页中添加图层。加载 Flash 动画代码标记为:

```
<object classid="clsid:D27CDB6E-AE6D-11cf-96B8-444553540000" width="778" height="120">'+
    '<param name="movie" value="'+src+'">'+
    '<param name="quality" value="high">'+
    '<param name="wmode" value="transparent">'+
    '<embed src="'+src+'" width="'+width+'"height="'+height+'" quality="high" type="application/x-shockwave-flash"'+'wmode="transparent"></embed></object>
```

5.程序代码编写

```
<html>
<head>
<meta http-equiv="content-type" content="text/html;charset=gb2312">
<META NAME="Liyuncheng" CONTENT="Email:yunchengli@sina.com">
<title>页面浮动广告</title>
</head>
<script language="JavaScript">
<!--
var floatAdvs=new Array();//用于保存添加的广告信息
var intervalTime=20;
function addAdv(id,x,y,src,url,type,width,height)
{
    //id 为广告层 id
    //x 为广告左边相对窗口左边的距离
    //y 为广告顶边相对窗口顶边的距离
    //src 为动画的目录位置
    //url 为广告对应的链接
    //type 表示是添加 gif 动画还是 flash 动画
```

```
//width 和 height 为动画的宽度和高度
//根据要加入的广告类型构造内容
if(type=="gif")
content='<a href="'+url+'"><img src="'+src+'" width="'+width+'"height="'+height+'"></a>';
if(type=="flash")
content='<a href="'+url+'">'+'<object classid="clsid:D27CDB6E-AE6D-11cf-96B8-444553540000" width="778" height="120">'+
    '<param name="movie" value="'+src+'">'+
    '<param name="quality" value="high">'+
    '<param name="wmode" value="transparent">'+
    '<embed src="'+src+'" width="'+width+'"height="'+height+'"
quality="high" type="application/x-shockwave-flash"'+'wmode="transparent"></embed></object>'+'</a>';
document.write('<div id="'+id+'" style="Z-INDEX:380; position:absolute; left:'+(typeof(x)=='string'? eval(x):x)+'; top:'+(typeof(y)=='string'? eval(y):y)+'">'+content+'</div>');
//如果 x 或者 y 是字符串,则当作表达式进行处理,取其值作为位置坐标
num=floatAdvs.length;//这里必须先把 floatAdvs.length 值取出来
floatAdvs[num]=new Array();//定义二维数组,二级记录 id,x,y
floatAdvs[num]["id"]=id;
floatAdvs[num]["x"]=x;
floatAdvs[num]["y"]=y;
}
//根据窗口变化、滚动条的移动而移动
function makeAnimate()
{
if(screen.width<=800)
    {for(var i=0;i<floatAdvs.length;i++)
        { floatAdvs[i].style.display="none";
        }
    return;
    }
    for(var i=0;i<floatAdvs.length;i++)
        {var floatAdv_x=(typeof(floatAdvs[i]["x"])=="string"? eval(floatAdvs [i] ["x"]):floatAdvs[i]["x"]);
```

```
        var floatAdv_y=(typeof(floatAdvs[i]["y"])=="string"? eval(floatAdvs [i] ["y"]):floatAdvs[i]
            ["y"]);
        var floatAdv=document.getElementById(floatAdvs[i]["id"]);
        if(floatAdv.offsetLeft!=(document.body.scrollLeft+floatAdv_x))
          {var dx=document.body.scrollLeft+floatAdv_x-floatAdv.offsetLeft;
          if(dx>5)//距离较大时,以较大步距移动
            dx=(dx>0? 1:-1)*5;
          else//距离较小时,每步移动1
            dx=dx>0? 1:-1;
          floatAdv.style.left=floatAdv.offsetLeft+dx;
          }
        if(floatAdv.offsetTop!=(document.body.scrollTop+floatAdv_y))
          {var dy=document.body.scrollTop+floatAdv_y-floatAdv.offsetTop;
          if(dy>5)
            dy=(dy>0? 1:-1)*5;
          else
            dy=(dy>0? 1:-1);
          //floatAdv.style.top=floatAdv.offsetTop+dy;
          floatAdv.style.top=parseInt(floatAdv.style.top)+dy;
          }
        floatAdv.style.display="block";
        }
}
addAdv("floatadv1",0,50,"./logo_blueidea.gif","http://www.blueidea.com","gif",88,31);
addAdv("floatadv2","document.body.clientWidth-100",50,"./logo_lubian.gif","","gif",88,31);
addAdv("floatadv3","document.body.clientWidth-650",110,"./12.swf","http://www.uestc.edu.cn",
"flash",700,60);
window.setInterval("makeAnimate()",intervalTime);
-->
</script>
<body width="778px" height="800px" align="center">
<table height="900px" width="700px" align="center">
<tr valign="top"><td>
<table>
<tr height="21px">
<td>页面浮动广告</td>
</tr>
```

```
<tr height="21px">
<td>页面浮动广告</td>
</tr>
</table>
</td></tr>
</table>
</body>
</html>
```

9.2 鼠标控制的变化

9.2.1 跟随鼠标移动的蛇形文字

1. 实例效果

在网页区域显示一组跟随鼠标运动的文字串,如图 9.5 所示。

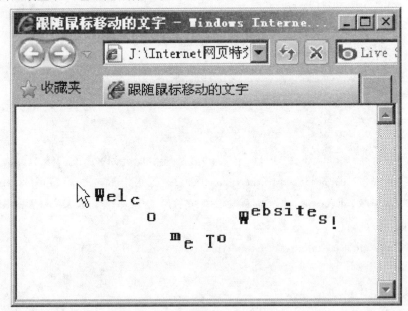

图 9.5 跟随鼠标移动的文字

2. 任务要求

在网页区域显示一个跟随鼠标运动的文字串,并且后一个字母跟着前一个字母按照蛇形前进轨迹运动。

3. 程序设计思路

这种效果也涉及两个方面技术:

首先确定鼠标的当前位置,可以通过 event 对象的属性来获取;

第9章 动态位置变化效果

每个字母放在单独层里,然后考虑第1个字母位置如何跟着鼠标位置进行移动,这里位置的变化要分开考虑其对应层的横坐标和纵坐标。这种变化一定是慢慢沿着蛇形爬行轨迹靠近鼠标的当前位置,然后让后面字母沿前一个字母路径移动的。这里涉及移动动画的制作,考虑技术就要用到 setTimeOut()方法,使字母逐渐移动到目的处。

4.技术要点

(1)鼠标位置获取同前面例子。

(2)采用 String 对象的 split()方法,将字符串中的每个字母提取出来,即 messageArray=message.split();并组成一个数组,其横坐标设为:

```
var xpos=new Array();
for(i=0;i<=message.length-1;i++)
   { xpos[i]=-50;
   }
```

5.程序代码编写

```
<html>
<head>
    <title>跟随鼠标移动的文字</title>
<META http-equiv="content-type" CONTENT="text/html;charset=gb2312">
</head>
<style type="text/css">
.laystyle {position:absolute;top:-50px;font-size:12pt;font-weight:bold;}
</style>
<script language="JavaScript">
//定义初始变量
var x=0,y=0;  //鼠标初始位置坐标
var space1=15;//首个字母离鼠标的距离
var space2=10;//字母间距
var flag=0;
var message="Welcome To Our Website!!";
//从字符串中提取单个字母组成数组
messageArray=message.split("");
var xpos=new Array();//定义数组实例用于保存单个字母的位置坐标
for(i=0;i<=message.length-1;i++)
{     xpos[i]=-50;
}
var ypos=new Array();
for(i=0;i<=messageArray.length-1;i++)
```

```
        ypos[i]=-50;
    }
ifNN4=(navigator.appName=="Netscape"&&parseInt(navigator.appVersion)==4);
ifNN6=(navigator.appName=="Netscape"&&parseInt(navigator.appVersion)==5);
//获取鼠标位置函数
function getMousePos(e)
{
    if(ifNN4||ifNN6)
    {   x=e.pageX;
        y=e.pageY;
    }
    else
    {   x=document.body.scrollLeft+event.clientX;
        y=document.body.scrollTop+event.clientY;
    }
    flag=1;
}
//定义字母随鼠标移动函数
function move()
{
    if(flag==1)
    {   if(ifNN4)
        {   for(i=messageArray.length-1; i>=1; i--)
            {   xpos[i]=xpos[i-1]+space2;//字母间距
                ypos[i]=ypos[i-1];
            }
            xpos[0]=x+space1;//首个字母位置
            ypos[0]=y;
            for(i=0; i<messageArray.length-1; i++)
            {   eval("document.div"+i).left=xpos[i];//每个字母的具体位置
                eval("document.div"+i).top=ypos[i];
            }
        }
    }
else
{   for(i=messageArray.length-1; i>=1; i--)
    {   xpos[i]=xpos[i-1]+space2;
```

```
            ypos[i]=ypos[i-1];
        }
    xpos[0]=x+space1;
    ypos[0]=y;
        for(i=0;i<messageArray.length-1;i++)
        {   document.getElementById("div"+i).style.left=xpos[i];
            document.getElementById("div"+i).style.top=ypos[i];
        }
    }
}
    setTimeout("move()",30);
}
//加载文字到各个层中
for(i=0;i<=messageArray.length-1;i++)
{   document.write("<div id='div"+i+"' class='laystyle'>");
    document.write(messageArray[i]);
    document.write("</div>");
}
if(ifNN4||ifNN6)
    document.captureEvents(Event.mousemove);
document.onmousemove=getMousePos;
</script>
<body onLoad="move()">
</body>
</html>
```

9.2.2 围绕鼠标旋转的尾巴

1.实例效果

在页面中呈现围绕鼠标旋转的尾巴,效果如图9.6所示。

2. 任务要求

在网页区域显示一串大小不一的色块,始终围绕鼠标进行螺旋状旋转,同时旋转的平面不断地发生周期变化。

3.程序设计思路

这种效果涉及的技术包括:鼠标移动和图形的坐标发生改变。前者已经学会;每一个具体色块的运动,涉及数学函数的轨迹:

$y1=a1+b1*sin(c1+x1);$

$y2=a2+b2*sin(c2+x2);$ //参数的不同变化会产生不同轨迹

图 9.6 围绕鼠标旋转的尾巴

4.技术要点

实际上用到的部分技术前面已经学习。

这里另外涉及用 JavaScript 程序动态地实现网页中添加层显示色块,并使之随着鼠标移动的同时按照数学函数的物理规律进行运动。

5.程序代码编写

```
<html>
<head>
<META http-equiv="content-type" CONTENT="text/html;charset=gb2312">
<META NAME="Liyuncheng" CONTENT="Email:yunchengli@sina.com">
<title>围绕鼠标旋转的尾巴</title>
</head>
  <script language="JavaScript">
  //定义初始变量
  var y=200; //定义色块初始位置
  var x=200;
  var step=1;
  var currStep=0;
  var Xpos=1;
  var Ypos=1;
  var tempLayer;
```

```
ifNN4=(navigator.appName=="Netscape"&&parseInt(navigator.appVersion)==4);
ifNN6=(navigator.appName=="Netscape"&&parseInt(navigator.appVersion)==5);
if(ifNN4)
{   with(document)//在 NN4 浏览器中定义层
    {   write('<layer name=lay0 bgcolor=#0000000 width="1px" height="1px"></layer>')
        write('<layer name=lay1 bgcolor=#0000000 width="1px" height="1px"></layer>')
        write('<layer name=lay2 bgcolor=#0000000 width="1px" height="1px"></layer>')
        write('<layer name=lay3 bgcolor=#0000000 width="1px" height="1px"></layer>')
        write('<layer name=lay4 bgcolor=#0000000 width="2px" height="2px"></layer>')
        write('<layer name=lay5 bgcolor=#0000000 width="2px" height="2px"></layer>')
        write('<layer name=lay6 bgcolor=#0000000 width="2px" height="2px"></layer>')
        write('<layer name=lay7 bgcolor=#0000000 width="2px" height="2px"></layer>')
        write('<layer name=lay8 bgcolor=#0000000 width="3px" height="2px"></layer>')
        write('<layer name=lay9 bgcolor=#0000000 width="3px" height="2px"></layer>')
        write('<layer name=lay10 bgcolor=#0000000 width="3px" height="2px"></layer>')
        write('<layer name=lay11 bgcolor=#0000000 width="3px" height="3px"></layer>')
        write('<layer name=lay12 bgcolor=#0000000 width="3px" height="3px"></layer>')
        write('<layer name=lay13 bgcolor=#0000000 width="3px" height="3px"></layer>')
    }
    //定义针对 NN4 浏览器获取鼠标位置坐标函数
    function getMousePos1(eventObject)
    {
        Xpos=eventObject.pageX;
        Ypos=eventObject.pageY;
    }
    document.captureEvents(Event.MOUSEMOVE);//在文档区域捕获鼠标事件
    document.onmousemove=getMousePos1;
}
else
{   //在 NN6 浏览器及 IE 浏览器中定义层
    with(document)
    {   write('<div id=lay0 style="position:absolute;width:1px; height:1px;
        background:#000000;visibility:visible;font-size=1px"></div>')
        write('<div id=lay1 style="position:absolute;width:1px; height:1px;
        background:#000000;visibility:visible;font-size=1px"></div>')
```

```
write('<div id=lay2 style="position:absolute;width:1px; height: 1px;
background:#000000;visibility:visible;font-size=1px"></div>')
write('<div id=lay3 style="position:absolute;width:1px; height: 1px;
background:#000000;visibility:visible;font-size=1px"></div>')
write('<div id=lay4 style="position:absolute;width:2px; height: 2px;
background:#000000;visibility:visible;font-size=1px"></div>')
write('<div id=lay5 style="position:absolute;width:2px; height: 2px;
background:#000000;visibility:visible;font-size=1px"></div>')
write('<div id=lay6 style="position:absolute;width:2px; height: 2px;
background:#000000;visibility:visible;font-size=1px"></div>')
write('<div id=lay7 style="position:absolute;width:2px; height: 2px;
background:#000000;visibility:visible;font-size=1px"></div>')
write('<div id=lay8 style="position:absolute;width:3px; height: 2px;
background:#000000;visibility:visible;font-size=1px"></div>')
write('<div id=lay9 style="position:absolute;width:3px; height: 2px;
background:#000000;visibility:visible;font-size=1px"></div>')
write('<div id=lay10 style="position:absolute;width:3px; height: 2px;
background:#000000;visibility:visible;font-size=1px"></div>')
write('<div id=lay11 style="position:absolute;width:3px; height: 3px;
background:#000000;visibility:visible;font-size=1px"></div>')
write('<div id=lay12 style="position:absolute;width:3px; height: 3px;
background:#000000;visibility:visible;font-size=1px"></div>')
write('<div id=lay13 style="position:absolute;width:3px; height: 3px;
background:#000000;visibility:visible;font-size=1px"></div>')
}
//定义针对NN6和IE浏览器获取鼠标位置坐标函数
function getMousePos2(eventObject)
{
    if(ifNN6)
    {   Xpos=eventObject.pageX;
        Ypos=eventObject.pageY;
    }
    else
    {   Xpos=document.body.scrollLeft+event.x;
        Ypos=document.body.scrollTop+event.y;
```

```
        }
    }
    document.onmousemove=getMousePos2;
}
//定义色块跟随鼠标移动轨迹的函数
function move( )
{
    if(ifNN4)
    {    y=window.innerHeight/8;
        x=window.innerWidth/8;
        for(j=0 ; j<14 ; j++)
        {    tempLayer="lay"+j;
            document.layers[tempLayer].top=Ypos+
            y*Math.sin((currStep+j*4)/12)*Math.cos(400+currStep/200);
            document.layers[tempLayer].left=Xpos+
            x*Math.sin((currStep+j*3)/10)*Math.sin(currStep/200);
        }
        currStep+=step;
        setTimeout("move()", 10);
    }
    else
    {   if(ifNN6)
        {   y=window.innerHeight/8;
            x=window.innerWidth/8;
        }
        else
        {   y=window.document.body.clientHeight/8;
            x=window.document.body.clientWidth/8;
        }
        for(i=0 ; i<14; i++)
        {    tempLayer="lay"+i;
            document.getElementById(tempLayer).style.top=Ypos+
            y*Math.sin((currStep+i*4)/12)*Math.cos(400+currStep/200);
            document.getElementById(tempLayer).style.left=Xpos+
            x*Math.sin((currStep+i*3)/10)*Math.sin(currStep/200);
```

```
        }
        currStep+=step;
        setTimeout("move()", 10);
        }
}
</script>
<body onload="move()">
</body>
<html>
```

第 10 章　jQuery 应用设计

jQuery 由 John Resig 于 2006 年初创建,是一个快速又简洁的 JavaScript 开发库。它极大地简化了 JavaScript 编程。其功能包括:对 HTML 文档内容进行操控;改变页面显示效果,对 CSS 进行操作;修改页面内容,可以动态地插入一段文字、一张图片等;响应用户交互,用户对文档进行操作时让文档对其有反应;为页面增添视觉动画;Ajax 应用,不用刷新页面就可以对内容进行更新。

在第 10~13 章中,通过完成 4 个任务来达到学习目标:

(1)利用 jQuery 改变页面显示效果;
(2)图片切换效果设计;
(3)水平二级菜单设计;
(4)jQuery Ajax 技术。

10.1　jQurey 选择器使用

jQuery 极大地简化了 JavaScript 编程,降低了难度和烦琐程度,与第 8 章相比立刻会给您带来惊喜。学习本项任务后将初步学会操控页面中元素的基本过程,先要找到待改动元素对其进行定位,然后对 HTML 文档内容进行操控,改变页面显示效果,或者反馈响应用户的交互信息。

10.1.1　任务:利用 jQuery 改变页面显示效果

1.设计效果

完成后的设计效果如图 10.1 所示,通常页面文字默认为黑色,当前页面中显示了几个选择器的特定效果。

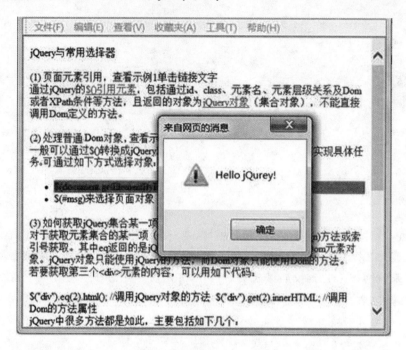

图 10.1　页面上几种选择器应用

2.任务描述

在网页上定义单击链接文字时会弹出提示对话框。针对项目列表定义全部或部分元素背景色彩；定义特定段落文字的颜色等。

3.设计思路

首先在页面上设计所要用到样式的页面文字效果。

然后针对特定页面对象应用 jQuery 来改变其显示效果。

4.技术要点

（1）下载 jQuery 库文件，在 HTML 中添加脚本标签，链接其文件。

（2）通常在页面上要做的每一件事情，都需要用到文档对象模型 Document Object Model(DOM)，使用 jQuery 就必须为当前文档注册一个 ready 事件。其代码为：

　　$(document).ready(function(){?

·});

（3）在 ready()事件处理方法中，只有通过选择特定 Dom 的对象才能实现各种页面的变化效果。

10.1.2　编写程序代码

1.单击链接文字，随之显示一个提示对话框

（1）创建页面 HTML 的基本结构，其代码如下：

```
<! DOCTYPE html>
<html>
<head>
```

```
<title>jQuery 及其选择器应用</title>
<meta http-equiv=content-type content="text/html; charset=gb2312">
<meta name="generator" content="editplus">
<meta name="liyuncheng" content="email:yunchengli@sina.com">
</head>
<body>
</body>
</html>
```

(2)在页面添加文字信息,标签代码内容(这里只显示部分)为:

```
<p>jQuery 与常用选择器</p>
<p>(1)页面元素引用,查看示例 1 单击链接文字<br />
```

通过 jQuery 的<a href="#">$()引用元素</a>,包括通过 id、class、元素名、元素层级关系及 Dom 或者 XPath 条件等方法,且返回的对象为<a href="#">jQuery 对象</a>(集合对象),不能直接调用 Dom 定义的方法。

```
<p>(2)处理普通 Dom 对象,查看示例 2 见到列表文字背景的颜色改变<br />
```

一般可以通过 $()转换成 jQuery 对象,还可以使用 jQuery 定义的方法实现具体任务。如下方式选择对象:

```
<ul id="orderlist2">
<li> $(document.getElementById(&quot;msg&quot;))来选择 jQuery 对象</li>
<li> $(#msg)来选择页面对象</li>
</ul>
```

(3)在头部<head></head>标签内,添加 JavaScript 脚本标签,调用 jQuery 库文件。

```
<script src="js/jquery-1.9.1.js" type="text/javascript"></script>
```

提 示

现在必须将 jQuery 库文件保存到文档所在的文件夹。这里是保存在内部的 js 文件夹里。

(4)继续在头部标签内添加 JavaScript 脚本标签,并编写脚本代码:

```
<script type="text/javascript">
//为当前文档注册一个 ready 事件,使用 jQuery
$(document).ready(function(){
```

说明:$是一个 jQuery 里对于类的别名,构造了一个新的 jQuery 对象。

```
$("a").click(function(){
  alert("Hello jQuery!");
  });
});
</script>
```

> 解释：$("a")是一个 jQuery 的选择器(selector)，这里选中了 Dom 的<a>标签。它允许选择所有 Dom 的元素。click()函数是对象的一个方法。它绑定了对所有元素的 click 事件并且当事件触发时执行该函数，类似于代码：<a href="#">Link</a>。但区别也是显而易见的，这里不需要为单一的对象写 click 事件。它把 html 结构和 js 行为分开，就像用 CSS 分开一样。

（5）此时，页面完整的 JavaScript 脚本程序代码如下：

```
<script src="js/jquery-1.9.1.js" type="text/javascript"></script>
<script type="text/javascript">
  $(document).ready(function(){
    $("a").click(function(){
      alert("Hello jQuery!");
    });
  });
</script>
```

（6）保存文件 10_1_1.html，在浏览器中预览页面效果，如图 10.2 所示。

图 10.2　单击链接显示提示框

2.修改页面特定 1 个列表文字的背景颜色

（1）在页面文字内容列表的第 1 项标签内，修改 id="orderlist"。
（2）在 ready()事件内添加如下代码：

```
$("#orderlist").addClass("red");
```

这行代码的含义是，为选择的 id="orderlist"的页面对象增加一个类名为 red 的 CSS 样式。其中 addClass()为增加 CSS 的方法。

(3)为页面 HTML 添加如下 CSS 代码,定义背景为红色:

```
<style type="text/css">
.red { background-color:#FF0000; }
</style>
```

(4)此时页面完整的 JavaScript 脚本程序代码如下:

```
<script src="js/jquery-1.9.1.js" type="text/javascript"></script>
<script type="text/javascript">
  $(document).ready(function(){
    $("a").click(function(){
      alert("Hello jQuery!");
    });
    $("#orderlist").addClass("red");
  });
</script>
```

(5)保存文件 10_1_2.html,在浏览器中预览页面效果,如图 10.3 所示。

图 10.3　修改第 1 个列表项背景色

3.再次修改页面特定列表文字的背景颜色

(1)在代码视图中将页面文字内容列表的第 1 项标签定义 id="orderlist",移到项目列表标签内,即<ul id="orderlist">。

(2)其他代码不变,保存文件浏览效果如图 10.4 所示。

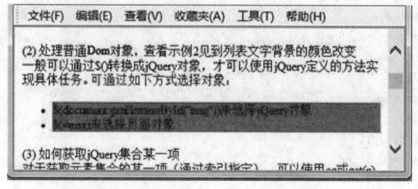

图 10.4　整个列表文字背景色改变

此时代码中所选择对象是针对整个列表的操作,使得列表中文字背景颜色都发生了变化。

(3)将选择对象做出如下改变,其脚本代码如下:

$("#orderlist>li:first").addClass("red");

或

$("ul>li:first").addClass("red");

前者含义是选择 id 为 orderlist 中的第 1 个<li>标签对象,向其添加一个类为 red 的 CSS 样式;后者含义是选择标签为<ul>内的第 1 个<li>标签对象,向其添加一个类为 red 的 CSS 样式。当然,也可以利用参数 last 选择最后一个<li>标签。

(4)保存文件 10_1_3.html,在浏览器中预览页面效果,如图 10.3 所示。

4. 定义页面所有段落< p > 标签内文字颜色

(1)在 ready()事件内添加如下代码:

$("p").css("color","blue");

其中 css()为定义 CSS 的方法。语句作用为选择所有<p>标签,将文字定义为蓝色。

(2)保存文件 10_1_4.html,在浏览器中浏览页面效果,如图 10.5 所示。

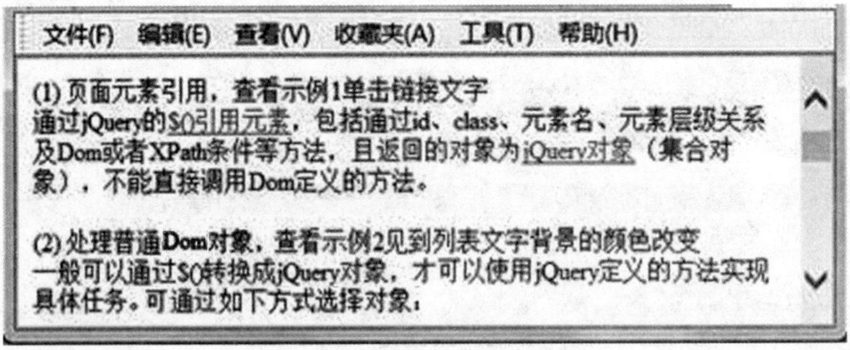

图 10.5　定义段落文字颜色

10.1.3　代码小结

为当前文档注册一个 ready 事件,这个事件是 jQuery 代码的入口,是必需的。它可以有以下几种格式:

$(document).ready(function(){//代码

});

可以简写为:

$().ready(function(){//代码

});

也可以简写为:

$(function(){//代码

});

它将函数绑定到文档的就绪事件，即当文档完成加载时才允许运行其代码。避免在文档完全加载之前就运行函数，导致操作失败。这种页面加载不同于 onload 事件。onload 需要页面内容(图片等)加载完毕，而 ready 只要页面 html 代码下载完毕即触发。

jQuery 选择器。在前面代码里展示了一些有关如何选取 HTML 元素的实例。展现了 jQuery 选择器是如何准确地选取到希望应用效果的页面元素。jQuery 引用页面元素方式，包括通过 id、class、标签、元素层级关系(如：父子节点 parent > child)及 Dom 或者 XPath 条件等。在 HTML DOM 术语中，选择器允许对 Dom 元素组或单个 Dom 节点进行操作。

10.2 任务拓展：使用几个常用方法设计页面效果

对于任务 10.1.1 在技术方面进行扩展，以便进一步理解事件处理方法，改变页面显示效果。包括：hover()悬停事件方法、not()过滤器方法、find()和 each()方法、fadeOut()渐变隐藏方法、fadeIn()渐变出现方法、fadeTo()透明度变化方法、slideToggle()滑动隐藏或显现方法。

1.使用鼠标悬停事件增加链接显示效果

(1)在页面带有链接文字的代码视图中，加载 jQuery 库文件。

＜script src="js/jquery-1.9.1.js" type="text/javascript"＞＜/script＞

(2)再次添加脚本标签，为当前文档注册一个 ready 事件。

＜script type="text/javascript"＞
$(document).ready(function(){

});
＜/script＞

(3)编写当鼠标移到 a 元素时增加和删除一个 Class 样式代码。

$(document).ready(function(){
　$("a").hover(function(){
　　$(this).addClass("green");
　},function(){
　　$(this).removeClass("green");
　});
});

提　示

hover()为链接对象的悬停事件处理方法，当鼠标移入时调用前面的语句，为当前选定对象增加一个类为 green 的 CSS 样式；当鼠标移出时调用后面的语句，为当前选定对象删除一个类为 green 的 CSS 样式。

(4)保存文件10_1_3_1.html,在浏览器中浏览设计效果,如图10.6所示。

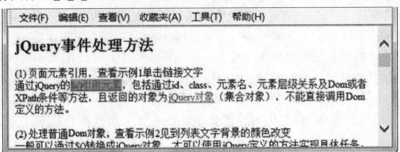

图10.6 为链接元素增加悬停效果

2.过滤器方法的应用

(1)在当前文档注册 ready 事件内添加代码:

$("ul").not("#orderlist").css("color","red");

其中 not()、css()分别为排除方法和定义 css 样式方法。语句含义为选择<ul>标签,但排除 id=orderlist 的<ul>标签,改变其 css 样式,文字为红色。

(2)保存文件 9_1_3_2.html,在浏览器中浏览设计效果,如图10.7所示。

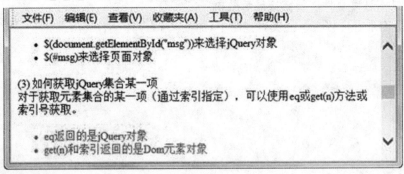

图10.7 应用排除方法定义列表 CSS

> **提 示**
>
> 基本过滤选择器,包括找到第一元素:first,找到最后一个元素:last?,排除给定选择器:not(selector),匹配索引值为偶数的元素从0开始计数:even,匹配索引值为奇数的元素从0开始计数 :odd,匹配一个给定索引值元素从0开始:eq(index),匹配大于给定索引值元素:gt(index),匹配小于给定索引值元素:lt(index)等。

3.find( )和 each( )方法应用

(1)在 ready()事件处理方法内添加如下代码:

$("#orderlist").find("li").each(function(i){
    $(this).html($(this).html()+" BAM! "+i);
});

其中 find()方法是找到<li>标签,each()方法是单独针对该序列中的每个元素,从下标0开始直到最后一个。

说明：在jQuery中允许事件方法以链式连写排列出来，本例中针对选择元素的两个方法就是连写排列。它减少了代码的长度并提高了代码的易读性和表现性。

（2）保存文件10_1_3_3.html，在浏览器中浏览设计效果，如图10.8所示。语句中$(this)即所选择的列表元素之一，将原有HTML内容改写为在其后面添加BAM! 0 或BAM! 1。其中$(this).html()为返回该选项的HTML内容。

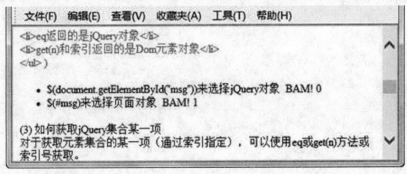

图10.8　改变列表每项的内容

注：把一个选择器的所有事件并排列出来，中间用"."隔开。

提　示

在jQuery中each()是一个特殊的方法函数，可以用一个匿名函数作为参数，就像一个循环语句一样来运行，即匿名函数内部的指令对获取的每个选项元素都运行一次。

4.选中元素的渐变动画效果

（1）新建页面创建HTML基本结构并添加脚本标签，加载jQuery库文件。

<script src="js/jquery-1.9.1.js" type="text/javascript"></script>

（2）再次添加脚本标签，为当前文档注册一个ready事件。

<script type="text/javascript">

$(document).ready(function(){

});

</script>

（3）在页面添加两个表单对象按钮，并分别定义id="fadeOut"和id="fadeOutUndo"，代码为：

<input type="submit" id="fadeOut" value="fadeOut">

<input type="submit" id="fadeOutUndo" value="fadeIn 恢复">

（4）按钮下面添加一个 Div，定义 id="fadeOutDiv"，代码为：

＜div id="fadeOutDiv"＞点击 fadeOut 按钮，将执行 fadeOut()方法显示效果。

＜/div＞

（5）在 ready()事件处理方法内添加如下代码：

```
$(document).ready(function(){
    //为所有层元素增加一个 CSS 效果
    $("div").addClass("redborder");
    //选择该按钮添加单击事件
    $("#fadeOut").click(function(){
        $("#fadeOutDiv").fadeOut("slow",function(){alert("演示这个层慢慢消失了！")});
    });
    $("#fadeOutUndo").click(function(){
        $("#fadeOutDiv").fadeIn("fast");
    });
});
```

其中 $("#fadeOutDiv").fadeOut("slow",function(){alert("演示这个层慢慢消失了！")})，让选择 id="fadeOutDiv"的 div 元素，以 fadeOut()方法的参数要求慢慢淡出直至消失，然后显示下一个匿名函数效果出现提示对话框。

$("#fadeOutDiv").fadeIn("fast");　//让该 div 元素以 fadeIn()方法参数要求快速淡入显示出来

（6）保存文件 10_1_3_4.html，在浏览器中浏览设计效果，如图 10.9 所示。

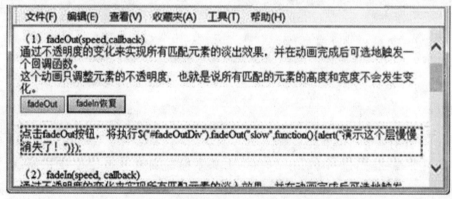

图 10.9　fadeOut()和 fadeIn()方法效果

解释：fadeOut(speed, callback)、fadeIn(speed, callback)、fadeTo(speed, opacity, callback)三个方法，前者是淡出效果、二者是淡入效果、后者是透明度的变化效果。其中参数 speed(String|Number)：可选三种预定速度之一的字符串（"slow"，"normal"，"fast"）或表示动画时长的毫秒数值（如 1000）。

(7)在页面添加另一个按钮,定义 id="fadeIn"。在下面再添加 id="fadeIndiv"的一个 div 元素。代码如下:

```
<input type="submit" id="fadeIn" value="fadeIn">
<div id="fadeInDiv" style="display:none">点击 fadeIn 按钮,将执行 fadeIn()方法演示这个层慢慢出现了!
</div>
<br>
```

(8)在 ready()事件处理方法内添加如下代码:

```
$("#fadeIn").click(function(){
   $("#fadeInDiv").fadeIn("slow",function(){alert("演示这个层慢慢出现了!")});
});
```

其含义为单击 fadeIn 按钮让该 div 元素以 fadeIn()方法参数 slow 要求慢速淡入显示出来,然后显示下一个匿名函数效果出现提示对话框。

(9)保存文件,浏览效果如图 10.10 所示。

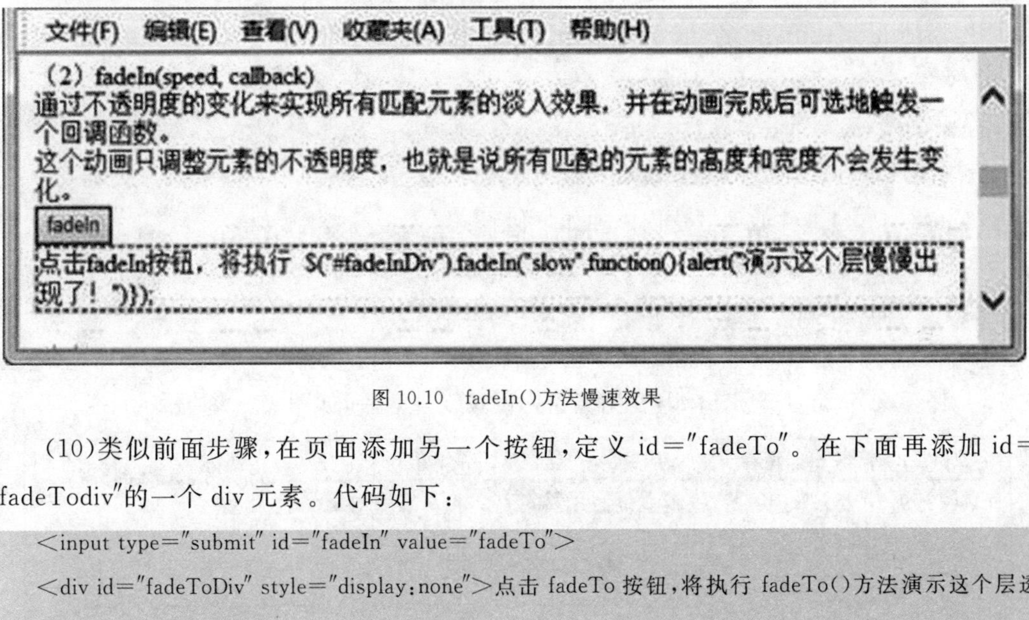

图 10.10 fadeIn()方法慢速效果

(10)类似前面步骤,在页面添加另一个按钮,定义 id="fadeTo"。在下面再添加 id="fadeTodiv"的一个 div 元素。代码如下:

```
<input type="submit" id="fadeIn" value="fadeTo">
<div id="fadeToDiv" style="display:none">点击 fadeTo 按钮,将执行 fadeTo()方法演示这个层透明度出现变化!
</div>
```

在 ready()事件处理方法内添加如下代码:

```
$("#fadeTo").click(function(){
   $("#fadeToDiv").fadeTo("slow",0.5,function(){alert("演示这个层透明度变成50%了!")});
});
```

其含义为单击 fadeTo 按钮让该 div 元素以 fadeTo()方法参数 slow 和 0.5 要求慢速显示并且透明度减小,然后显示下一个匿名函数效果出现提示对话框。

(11)保存文件,浏览效果如图 10.11 所示。

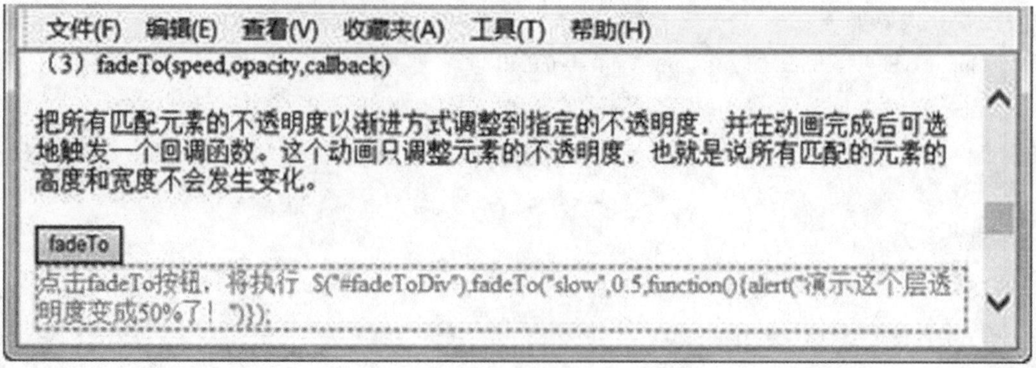

```
文件(F)  编辑(E)  查看(V)  收藏夹(A)  工具(T)  帮助(H)
(3) fadeTo(speed,opacity,callback)
把所有匹配元素的不透明度以渐进方式调整到指定的不透明度,并在动画完成后可选
地触发一个回调函数。这个动画只调整元素的不透明度,也就是说所有匹配的元素的
高度和宽度不会发生变化。

fadeTo

点击fadeTo按钮,将执行 $("#fadeToDiv").fadeTo("slow",0.5,function(){alert("演示这个层透
明度变成50%了!")});
```

图 10.11　fadeTo()方法透明度变化效果

5.选中元素的滑动动画效果

(1)在页面添加 id="flip" 的段落文字,并设置其背景属性值和链接。代码如下:

```
<p id="flip" align="center"><a href="#">slideToggle()方法</a><br>
</p>
```

(2)添加 id="content" 的 div 元素显示文字信息。代码如下:

```
<div id="content" style="display:none;">
<p>jQuery slideToggle()方法,……</div>
```

其中属性 display:none 定义初始状态为隐藏。

(3)在 ready()事件处理方法内添加如下代码:

```
$("#flip").click(function(){
    $("#content").slideToggle("slow");
});
```

(4)保存文件 10_1_3_4.html,在浏览器中浏览设计效果,如图 10.12 所示。

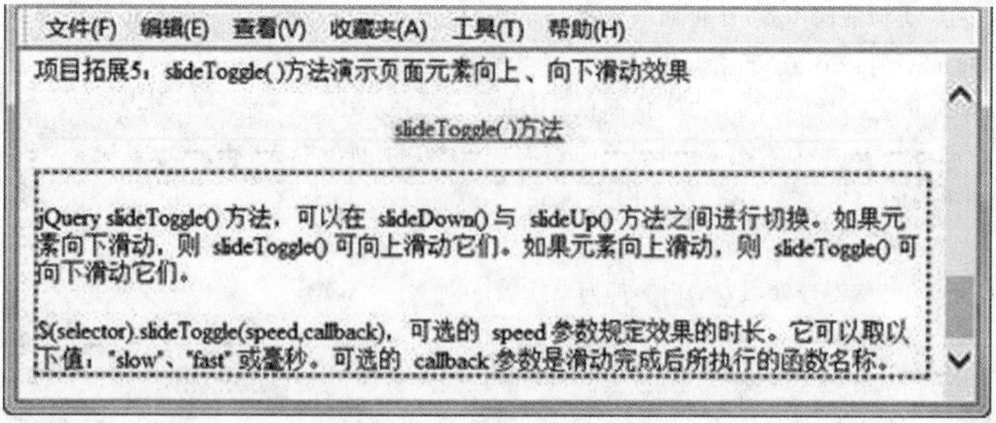

```
文件(F)  编辑(E)  查看(V)  收藏夹(A)  工具(T)  帮助(H)
项目拓展5:slideToggle()方法演示页面元素向上、向下滑动效果

              slideToggle()方法

jQuery slideToggle() 方法,可以在 slideDown() 与 slideUp() 方法之间进行切换。如果元
素向下滑动,则 slideToggle() 可向上滑动它们。如果元素向上滑动,则 slideToggle() 可
向下滑动它们。

$(selector).slideToggle(speed,callback),可选的 speed 参数规定效果的时长。它可以取以
下值:"slow"、"fast" 或毫秒。可选的 callback 参数是滑动完成后所执行的函数名称。
```

图 10.12　slideToggle()方法滑动效果

解释：toggle()和 slidetoggle()方法提供了状态切换功能。toggle()方法包括 hide()和 show()方法。slideToggle()方法包括 slideDown()和 slideUp()方法。

(1) slideDown(speed, callback)方法，通过高度变化(向下增大)来动态地显示所有选择元素，在显示完成后可选地触发一个回调函数。这个动画效果只调整元素的高度，可以使选择元素以滑动的方式显示出由上到下伸展的效果。

(2) slideUp(speed, callback)方法，通过高度变化(向上减小)来动态地隐藏所有选择元素，在隐藏完成后可选地触发一个回调函数。这个动画效果只调整元素的高度，可以使选择元素以滑动方式由下到上缩短隐藏起来。与 slideDown()用法相同，但效果是反向的。

(3) slideToggle(speed, callback)方法，通过高度变化来切换所有选择元素的可见性，并在切换完成后可选地触发一个回调函数。这个动画效果实际上就是 slideDown()、slideUp()的集合体，如果元素当前可见则滑动隐藏，如果当前元素已经隐藏则滑动显示。

10.3 知识补充：jQuery 选择器与方法

1. 如何获取 jQuery 集合中的某一项

对于获取元素的某一项(集合通过索引指定，可以使用 eq)返回的是 jQuery 对象。jQuery 中有很多方法，主要包括如下几个：

$("#msg").html()，返回 id 为 msg 的元素节点的 html 内容。

$("#msg").html("new content")，将"new content"作为 html 串写入 id 为 msg 的元素节点内容中，页面显示粗体的 new content。

$("#msg").text()，返回 id 为 msg 的元素节点的文本内容。

$("#msg").text("new content")，将"new content"作为普通文本串写入 id 为 msg 的元素节点内容中，页面显示new content。

$("#msg").height()，返回 id 为 msg 的元素的高度。

$("#msg").height("300")，将 id 为 msg 的元素的高度设为 300。

$("#msg").width()，返回 id 为 msg 的元素的宽度。

$("#msg").width("300")，将 id 为 msg 的元素的宽度设为 300。

$("input").val("")，返回表单输入框的 value 值。

$("input").val("test")，将表单输入框的 value 值设为 test。

$("#msg").click()，触发 id 为 msg 的元素的单击事件。

$("#msg").click(fn)，为 id 为 msg 的元素单击事件添加函数。

2.操作页面元素样式

主要包括以下几种方式：

$("#msg").css("background")，返回元素的背景颜色。

$("#msg").css("background","#000CCC")，设定元素背景为灰色。

$("#msg").height(300)；$("#msg").width("200")，设定宽高。

$("#msg").css({color:"red",background:"blue"})，以名值对的形式设定样式。

$("#msg").addClass("select")，为元素增加类名为 select 的 CSS 样式。

$("#msg").removeClass("select")，删除元素类名为 select 的 CSS 样式。

$("#msg").toggleClass("select")，如果存在（不存在）就删除（添加）类名为 select 的 CSS 样式。

3.集合处理功能

对于 jQuery 返回的集合内容，无须人为循环遍历就能对每个对象分别做处理，jQuery 提供了很方便的事件或方法进行集合处理。如：

$("p").each(function(i){this.style.color=["#000F00","#0000F0","#00000F"][i]})//为索引为 0，1，2 的 p 元素分别设定不同的字体颜色

$("tr").each(function(i){this.style.backgroundColor=["#000CCC","#000FFF"][i%2]})//实现表格的隔行换色效果

$("p").click(function(){alert($(this).html())})//为每个 p 元素增加 click 事件，单击某个 p 元素则弹出内容

4.扩展功能

通过使用 extend()方法能够扩展 jQuery 的功能。例如：

$.extend({min:function(a,b){return a<b? a:b;}, max:function(a,b){return a>b? a:b;}})//为 jQuery 扩展 min,max 两个方法

当使用扩展方法时，通过"$.方法名"调用格式实现。例如：

alert("a=10,b=20,max="+$.max(10,20)+",min="+$.min(10,20))

5.支持方法连写

所谓连写，就是可以对一个 jQuery 对象连续调用各种不同的方法。例如：

$("p").click(function(){alert($(this).html())}).mouseover(function(){alert("mouse over event")}).each(function(i){this.style.color=["#000F00","#0000F0","#00000F"][i]})

6.完善事件处理功能

jQuery 已经提供了多种事件处理方法，无须在 html 元素上直接写事件。应用时可以直接通过 jQuery 获取对象来添加事件。例如：

$("#msg").click(function(){alert("good")})//为元素添加单击事件

$("p").click(function(i){this.style.color=["#000F00","#0000F0","#00000F"][i]})//为三个不同的 p 元素单击事件分别设定不同的处理

jQuery 中几个自定义的事件。例如：

(1)hover(fn1, fn2)是一个模仿按钮悬停事件（鼠标移到一个对象上及移出这个对象触发函数）的方法。当鼠标移到一个匹配的元素上面时，会触发指定的第 1 个函数。当鼠标移出这个元素时，会触发指定的第 2 个函数。例如：

$("tr").hover(function(){$(this).addClass("over");}, function(){$(this).addClass("out");})
//当鼠标放在表格某行上时将样式定义为类名为 over 的 CSS,离开时定义为类名为 out 的 CSS

(2)ready(fn)是当 Dom 载入就绪可以查询及操纵时绑定一个要执行的函数。例如：

$(document).ready(function(){alert("Hello jQuery!")})//页面加载完毕提示框显示"Hello jQuery！"

（3）toggle(eventFn,oddFn)是每次点击时切换要调用的函数。如果点击了一个选择元素，则触发指定的第 1 个函数，当再次点击同一元素时则触发指定的第 2 个函数。随后每次点击都重复对这两个函数的调用。例如：

$("p").toggle(function(){ $(this).addClass("selected");?},function(){ $(this).removeClass("selected");})//每次点击时轮换添加和删除类名为 selected 的 CSS 样式

（4）trigger(eventtype)是在每一个选择元素上触发某类事件。例如：

$("p").trigger("click");　　　　//触发所有 p 元素的 click 事件

（5）bind(eventtype，fn)、unbind(eventtype)分别是绑定与反绑定事件，即从每一个选择元素中添加、删除绑定的事件。例如：

$("p").bind("click"，function(){alert($(this).text());})//为每个 p 元素添加单击事件

$("p").unbind()//为删除所有 p 元素上的所有事件

$("p").unbind("click")//为删除所有 p 元素上的单击事件

第 11 章 图片切换效果设计

图片切换显示在网站中时常见到,它既起到图片展示功能,又可以让用户自己交互控制选择其中一个互动效果。同时又会给用户带来视觉效果的变化。

11.1 在页面中显示图片切换广告

11.1.1 任务设计

1.设计效果

完成任务后设计效果,如图 11.1 所示,网页内一组图片切换显示。

图 11.1 网页图片切换显示

2.任务描述

在页面中显示一组图片,且在呈现一个大图片时显示对应数字选择按钮。当单击某个数字按钮时会在上方将大图替换为该图。图片切换效果整个外部轮廓是一个整体。

3.设计思路

利用 jQuery 技术实现该效果,先要设定页面图片内容及其 CSS,然后通过 jQuery 的编程技术进行图片的切换显示和效果处理。

4.技术要点

在 jQuery 编程中使用 CSS 是非常重要的,要利用 CSS 样式表技术初始化页面待处理信息内容的显示。针对特定内容应用技术处理。

具体来讲,首先加载 jquery.js 文件;接着在页面文档区域加入<div>,用来显示初始化状态的图片及其格式;之后定义样式表格式,用于设定图片及其格式化显示;最后进行面向对象编程,实现对图片显示效果的控制。

11.1.2 编写程序代码

1.定义网页显示信息

(1)新建文件,在页面文档区域添加页面展示内容。代码如下:

```
<body>
<h1>Simple slideshow in jQuery</h1>
<p>Life can be simple O_o</p>
<div class="slideshow">
  <ul class="recentlist">
    <li><a class="current" href="#slide1">1</a></li>
    <li><a href="#slide2">2</a></li>
    <li><a href="#slide3">3</a></li>
  </ul>
<img id="slide1" src="images/testImage4.jpg" alt="Image 1" />
<img id="slide2" src="images/testImage3.jpg" alt="Image 2" />
<img id="slide3" src="images/testImage2.jpg" alt="Image 3" />
</div>
<p>This example is brought to you by Timothy van Sas, Dutch front-end developer with some serious dancing skills.</p>
<br />
</body>
```

其中 class="slideshow"的 div 为图片区域容器,显示三个数字链接和三张图片。定义的技巧是数字链接中 href 的属性值,刚好是三张图片的 id 值。

(2)定义页面内容显示样式,添加 CSS 样式文件。代码如下:

```
<style type="text/css" media="screen">
  * { margin: 0; padding: 0; }
  body { font: normal 12px arial; background: #000FFF; padding: 40px; }
```

```css
h1 { font: normal 24px helvetica; color: #09AFED; }
p { padding-bottom: 20px; }
//定义数字链接的样式
a, a:visited { color: #09AFED; text-decoration: underline; }
a:hover, a:visited:hover { color: #000F00; }
//定义图片区域的样式
.slideshow { position: relative; background: #FAFAFA; width: 315px; height: 195px; border: 1px solid #E5E5E5; margin-bottom: 20px; }
.slideshow img { position: absolute; top: 3px; left: 3px; z-index: 1; background: #000FFF; }
//数字显示样式
ul.recentlist { position: absolute; bottom: 12px; right: 4px; list-style: none; z-index: 2; }
ul.recentlist li { margin: 0; padding: 0; display: inline; }
ul.recentlist li a, ul.recentlist li a:visited { display: block; float: left; background: #E5E5E5; padding: 4px 8px; margin-right: 1px; color: #000000; text-decoration: none; cursor: pointer; }
ul.recentlist li a:hover, ul.recentlist li a:visited:hover { background: #000666; color: #000FFF; }
// 定义特殊的 .current 样式,作为当前鼠标单击后状态
ul.recentlist li a.current { background: #000F00; color: #000FFF; }
</style>
```

其中 ul.recentlist li a.current { background: #000F00; color: #000FFF; },是 jQuery 编程中将要用到的类样式,当鼠标单击后所在数字链接将改变为这个样式。

2.编写 jQuery 代码程序

(1)在文件<head></head>部分添加脚本标签链接库文件

```html
<script type="text/javascript" src="js/jquery.js" charset="utf-8">
</script>
```

(2)编写 jQuery 代码

```html
<script type="text/javascript">
$(document).ready(function(){
    //选择类名为 slideshow 内的 img 标签
    var imgWrapper= $(".slideshow > img");
    //仅显示第 1 个图片,隐藏其他图片
    imgWrapper.hide().filter(":first").show();
    //选择数字链接来定义单击事件
    $("ul.recentlist li a").click(function(){
        //检测所选择项不是类为 current 的对象
        //若是类为 current 的对象,则不执行下面代码,而是返回 false
        if(this.className.indexOf("current")==-1){
            //隐藏图片
            imgWrapper.hide();
```

```
        //找到数字链接 this.hash 所对应的 href 属性的字符串
        imgWrapper.filter(this.hash).fadeIn(500);
        //将原来的数字链接样式移除,选择状态样式
        $("ul.recentlist li a").removeClass("current");
        //为选择的数字链接添加当前样式
        $(this).addClass("current");
    }
    return false;
   });
});
</script>
```

> 解释:(1)hide()效果函数为隐藏选择元素。show()效果函数为显示选择元素。filter()方法,为将选择元素集合缩减为选中选择器或选择函数返回值所对应的新元素。语句 filter(":first").show(),为仅让选择器序列中第 1 个元素显示出来。
> (2)hash 属性,为获取链接标签属性 href 的值。this.hash 得到的值刚好是对应的特定元素。语句 imgWrapper.filter(this.hash).fadeIn(500),为让选择的元素以 fadeIn(500)效果呈现出来。

3.保存文件

保存文件 11_1.html,在浏览器中浏览显示效果,页面如图 11.1 所示,可以单击任意数字链接 1、2、3、4,所对应的图片以 fadeIn(500)效果显示出来。

11.1.3 小结:jQuery 选择器

在这个任务中又涉及一些有关如何选取 HTML 元素的实例。总结归纳包括:jQuery 元素选择器和属性选择器允许通过标签名、属性名或内容对 HTML 元素进行选择。当然,选择器也允许对 HTML 元素组或单个元素进行操作。

jQuery 元素选择器,可以使用 CSS 选择器来选取 HTML 元素。例如:

$("p")表示选取<p>元素。$("p.intro")表示选取所有 class="intro" 的<p>元素。$("p#demo")表示选取所有 id="demo" 的<p>元素。通常 jQuery CSS 选择器可用于改变 HTML 元素的 CSS 属性。

jQuery 属性选择器可以使用 XPath 表达式来选择带有给定属性的元素。例如:

$("[href]")表示选取所有带有 href 属性的元素。$("[href='#']")表示选取所有带有 href 值等于"#"的元素。$("[href!='#']")表示选取所有带有 href 值不等于"#"的元素。$("[href$='.jpg']")表示选取所有 href 值以".jpg"结尾的元素。

jQuery 内容选择器,即对 HTML 元素中的内容进行选择。例如:$(":contains('W3School')")表示包含页面指定字符串的所有元素。

11.2 任务拓展1：页面带有缩略图的图片切换效果

完成任务拓展后设计效果,如图11.2所示。用鼠标单击画面中4幅图片中的一幅时,画面右侧几张小图片将按照自下而上顺序移动,且被单击的图片在左侧呈现大图,而原来左侧大图则缩小至右侧最下面一张。

图11.2 带有缩略图的图片切换效果

1.定义网页显示信息

(1)新建文件,在主体部分添加页面展示内容。代码如下:

```html
<body>
<div class="warp" id="warp">
<img src="images/t_pic1.jpg" alt="1" class="imgBig" />
<img src="images/t_pic2.jpg" alt="2" class="imgLittle" />
<img src="images/t_pic3.jpg" alt="3" class="imgLittle" />
<img src="images/t_pic4.jpg" alt="4" class="imgLittle" />
</div>
图片切换效果
</body>
```

(2)定义页面内容显示样式,添加CSS样式文件。代码如下:

```css
<style type="text/css">
<!--
.warp{width:487px; height:194px; overflow:hidden; border:solid 1px #000CCC; position:relative; top:0px; left:0px; background-color:#FAFAFA}
.warp img{border-width:0px; cursor:pointer; position:relative; top:0px; left:0px}
.imgBig{ float:left; width:360px; height:190px; padding:2px;}
.imgLittle{ float:right; width:108px; height:57px; padding:6px 5px 0 10px; clear:right}
```

```
-->
</style>
```

2. 编写 jQuery 代码程序

（1）在文件＜head＞＜/head＞部分添加脚本标签连接库文件

```
<script src="js/jquery.js" type="text/javascript"></script>
```

（2）编写 jQuery 代码

```
<script type="text/javascript">
$(document).ready(function(){
    var $warp=$("#warp");
var seconds=500;
//选择项内所有img子项,定义单击事件click()
$("#warp").children("img").click(function(){
    var $imgs=$("#warp").children("img");
//向上移动第3张图片eq(2)到右侧最上面,相当于把img标签中的src属性改变了
//其中eq()方法是将选择元素集合缩减为位于指定索引的新元素。eq(2)指定第3张图片
    $imgs.eq(2).css("marginTop","63px")
    .animate({marginTop:"0px",duration:seconds});
//将原来第1张大图,用动画方式移动到右侧最下面,变成eq(3)
    $imgs.eq(0).css({position:"absolute",opacity:"0.5"})
.animate({width:"108px",height:"57px",left:"372px",top:"126px",opacity:"1",duration:seconds});
//将右侧最上面那张图片移动到大图位置变成新的eq(0),同时在id="warp"的div中增加img的eq(0)
    $imgs.eq(1).css({position:"absolute",left:"372px",top:"6px",opacity:"0.2",clear:"none"})
        .animate({width:"360px",height:"190px",left:"-9px",top:"-5px",opacity:"1"},
{duration:seconds,complete:function(){
    $imgs.eq(0).appendTo($("#warp"))
//第1张图片由大图切换为小图,移除其原来样式,增加新.imgLittle样式
        .removeAttr("style")
        .removeClass("imgBig")
        .addClass("imgLittle");
//第2张图片由小图切换为大图
    $imgs.eq(1).removeAttr("style")
    .removeClass("imgLittle")
    .addClass("imgBig");
    }});
});
});
</script>
```

解释:children()方法,获得选择元素集合中每个元素的所有子元素集合。可以通过可选的表达式来过滤所选择的子元素。animate({params}, speed,callback)方法,用于创建自定义动画。必需的 params 参数定义形成动画的 CSS 属性。可选的 speed 参数规定效果的时长。它可以取以下值:"slow"、"fast"或毫秒。可选的 callback 参数是动画完成后所执行的函数名称。appendTo()方法,向目标结尾插入选择的元素集合中的每个元素。Append()方法,向选择的元素集合中的每个元素结尾插入由参数指定的内容。removeAttr()方法,从所有选择的元素中移除指定的属性。

3.保存文件

保存文件 11_2.html,在浏览器中浏览页面效果,用鼠标单击画面中的几张图片,观看图片切换效果。

11.3 技术拓展:在页面显示图片切换广告

完成技术拓展后设计效果,如图 11.3 所示,效果类似任务 11.1,采用另一种编程方法,实现页面上图片既可以自动切换,也可以将鼠标指向数字链接进行切换。

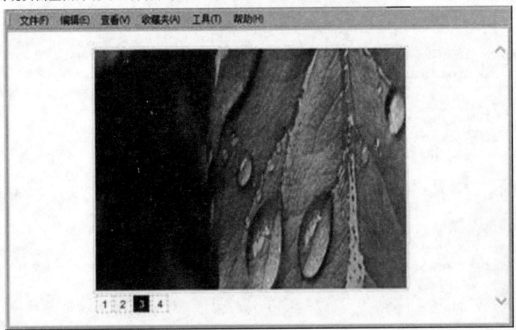

图 11.3 自动或鼠标指向数字进行切换

第11章 图片切换效果设计

1. 定义网页显示信息

(1) 新建文件,在主体标签内添加页面内容。代码如下:

```html
<body>
<div class="imgscroll">
  <ul>
    <li><img src="img/wall1.jpg" width="400" height="300" /></li>
    <li><img src="img/wall2.jpg" width="400" height="300" /></li>
    <li><img src="img/wall3.jpg" width="400" height="300" /></li>
    <li><img src="img/wall4.jpg" width="400" height="300" /></li>
  </ul>
</div>
<div class="imgscroll-title">
  <ul>
    <li class="current">1</li>
    <li>2</li>
    <li>3</li>
    <li>4</li>
  </ul>
</div>
</body>
```

(2) 定义页面内容显示样式,添加CSS样式文件。代码如下:

```css
<style type="text/css">
* {font-size:12px;color:#000333;text-decoration:none;padding:0;margin: 0;list-style:none;font-style: normal;font-family: Arial, Helvetica, sans-serif;}
.imgscroll {width:400px;margin-left:auto;margin-right:auto;margin-top: 20px;position: relative;height: 300px;border: 4px solid #EFEFEF; overflow: hidden;}
.imgscroll ul li {height: 300px; width: 400px; text-align: center; line-height: 300px; position: absolute;font-size: 40px; font-weight: bold;}
.imgscroll-title{width: 400px;margin-right: auto;margin-left: auto;}
.imgscroll-title li{height: 20px;width: 20px;float: left;line-height: 20px;text-align: center;border: 1px dashed #000CCC;margin-top: 2px; cursor: pointer;margin-right: 2px;}
.current{color: #000FFF;font-weight: bold; background:#000000;}
.imgscroll ul {position: absolute;}
</style>
```

2. 编写jQuery代码程序

(1) 在文件<head></head>部分添加脚本标签连接库文件

```html
<script src="js/jquery-1.9.1.js" type="text/javascript"></script>
```

(2) 编写 jQuery 代码

```javascript
<script type="text/javascript">
$(document).ready(function(){
    var speed=350;
    var autospeed=3000;
    var i=1;
    var index=0;
    var n=0;
    autoroll();
    stoproll();
    //鼠标指向数字链接按钮事件
    $(".imgscroll-title li").mouseenter(function(){
        //获取鼠标指向数字链接按钮的序号
        var index=$(".imgscroll-title li").index($(this));
        //先前选择的数字样式去除 .current 的 CSS
        $(".imgscroll-title li").removeClass("current");
        //当前选择的数字样式为 .current 的 CSS
        $(this).addClass("current");
        //先前图片对应项目表动画移至 left=-400px 处隐藏
        $(".imgscrollul").css({"left":"0px"})
                        .animate({ left:"-400px"} ,speed);
        //当前选择的 index 对应图片 li 标签显示在 left=400px 处
        $(".imgscroll li").css({"left":"0px"})
                        .eq(index)
                        .css({"z-index":i,"left":"400px"});
        i++;
    });
    /* 自动轮换 */
    function autoroll(){
        if(n>=4){n=0;}
        $(".imgscroll-title li").removeClass("current");
        $(this).eq(n).addClass("current");
        $(".imgscroll ul").css({"left":"0px"});
        $(".imgscroll li").css({"left":"0px"})
                        .eq(n)
                        .css({"z-index":i,"left": "400px"});
        n++;
        i++;
        timer=setTimeout(autoroll, autospeed);
```

```
        $(".imgscroll ul").animate({left:"-400px"},speed);
      };
      //鼠标悬停即停止自动轮换
      function stoproll(){
        $(".imgscroll li").hover(function(){
          clearTimeout(timer);
          n=$(this).prevAll().length+1;
        },function(){
          timer=setTimeout(autoroll,autospeed);
        });
        $(".imgscroll-title li").hover(function(){
              clearTimeout(timer);
              n=$(this).prevAll().length+1;
          },function(){
          timer=setTimeout(autoroll,autospeed);
        });
      };
    });
</script>
```

解释：当对同一个选择器应用多个方法时，既可以采用连写方法，也可以分开使用独立语句。mouseenter()，触发或将函数绑定到指定元素的 mouse enter 事件。prevAll()，获得选择元素集合中每个元素之前的所有同辈元素，由选择器进行筛选。

3.保存文件

保存文件 11_3.html，在浏览器中浏览页面效果。观看自动切换和将鼠标指向数字链接进行切换的效果变化。

11.4　任务拓展 2：另一种图片切换广告效果

完成任务拓展后设计效果，如图 11.4 所示，页面显示一串用橡皮筋连起来的图片，用鼠标单击链接区域时该图变为大图，此时单击大图上关闭按钮，图片将恢复原来大小。

1.在页面定义图片呈现效果

(1)新建页面，在主体标签内定义页面显示内容，代码如下：

```
<body>
<div id="page-wrap">
  <h1>Revealing Photo Slider</h1>
```

图 11.4 鼠标单击链接区域图片变大

```html
<table><tr>
  <td><div class="photo_slider">
    <img src="images/mthood.jpg"/>
    <div class="info_area">
      <h3>Climbing Mt. Hood</h3>
      <p><em>By：<a href="#">Brother O'Mara</a></em></p>
    </div>
  </div></td>
  <td><div class="photo_slider">
    <img src="images/baloon.jpg"/>
    <div class="info_area">
      <h3>Climbing Mt. Hood</h3>
      <p><em>By：<a href="#">Brother O'Mara</a></em> </p>
    </div>
  </div></td>
  <td><div class="photo_slider">
    <img src="images/lighthouse.jpg"/>
    <div class="info_area">
      <h3>Lighthouse Rays</h3>
      <p><em>By：<a href="#">(nz)dave</a></em></p>
    </div>
  </div></td>
```

```html
    <td><div class="photo_slider">
        <img src="images/giraffe.jpg"/>
        <div class="info_area">
            <h3>Pucker up! </h3>
            <p><em>By:<a href="#">ucumari</a></em></p>
        </div>
    </div></td>
    </tr>
    </table>
</div>
</body>
```

(2)定义图片显示样式,这里利用外部文件 style.css。其代码如下:

```css
* { margin: 0; padding: 0; }
body { font: 62.5% "Gill Sans", Georgia, sans-serif; background: url(images/body-bg.jpg)top center repeat-x white; }
p { font-size: 1.2em; line-height: 1.2em; }
a { outline: none; color: red;}
a:hover { color: black; }
a img { border: none; }
h1 { color: black; font-size: 3.0em; }
h3 { font-size: 2.0em; margin-bottom: 5px;}
.clear { clear: both; }
#page-wrap {
    margin: 20px;
    padding: 10px;
}
a.close {
    position: absolute;
    right: 10px;
    bottom: 10px;
    display: block;
    width: 20px;
    height: 21px;
    background: url(images/close_button.jpg);
    text-indent: -9999px;
}
.photo_slider_img {
    width: 100px;
```

```
    height: 100px;
    margin-bottom: 5px;
    overflow: hidden;
}
td {
    vertical-align: top;
}
.photo_slider {
    position: relative;
    width: 100px;
    height: 130px;
    padding: 10px;
    border: 1px solid black;
    overflow: hidden;
    margin: 25px 10px 10px 10px;
    background: white;
    float: left;
}
.info_area {
    display:none;
}
.more_info {
    display: block;
    width: 89px;
    height: 26px;
    background: url(images/moreinfo.jpg);
    text-indent: -9999px;
    cursor: pointer;
}
```

2.编写 jQuery 代码

(1)添加 jQuery 库文件

```
<script type="text/javascript" src="js/jquery.js"></script>
```

(2)将 jQuery 代码保存为 photorevealer.js 文件,编写代码如下:

```
$(document).ready(function(){
//定义选择器为 class=photo_lider 的图片容器 div
$(".photo_slider").each(function(){
    //为该对象增加样式
    var $this=$(this).addClass("photo-area");
```

//找到每个图片
var $img=$this.find("img");
//找到每个链接区域
var $info=$this.find(".info_area");
//定义数组
var opts={};
$img.ready(function(){
    //获取每个图片的宽和高属性
    opts.imgw=$img.width();
    opts.imgh=$img.height();
});
//获取图片容器div的宽和高属性
opts.orgw=$this.width();
opts.orgh=$this.height();
//改变图片的左边距和顶边距
$img.css({
    marginLeft:"-150px",
    marginTop:"-150px"
});
/*在选择的div的后面分别添加4个<img>标签内容,然后将其插入.photo_slider对于div的后面,即产生一个新的div*/
var $wrap=$('<div class="photo_slider_img">').append($img). prependTo($this);
//将选择的链接标签添加到.photo_slider对于div的后面
var $open=$('<a href="#" class="more_info">More Info ></a>'). appendTo($this);
//将选择的链接标签添加到每个<div class="info_area">标签的后面
var $close=$('<a class="close">Close</a>').appendTo($info);
//获取新div的宽和高
opts.wrapw=$wrap.width();
opts.wraph=$wrap.height();
//在该链接上单击时
$open.click(function(){
    //以动画方式变化
    $this.animate({
        width:opts.imgw,
        height:(opts.imgh+95),
        borderWidth:"10"
    },600);

```
            //链接以淡出效果出现
             $open.fadeOut();
            //让变大的div以动画变化
             $wrap.animate({
                width: opts.imgw,
                height: opts.imgh
             },600);
            //原来链接的div以淡入效果变化
             $(".info_area",$this).fadeIn();
            //原来的小图片以动画效果消失
             $img.animate({
                marginTop:"0px",
                marginLeft:"0px"
             },600);
            return false;
        });
        //单击放大的图上的关闭图标
        $close.click(function(){
            $this.animate({
                width: opts.orgw,
                height: opts.orgh,
                borderWidth:"1"
            },600);
            //单击的链接淡入效果
             $open.fadeIn();
            //放大图的div以动画变化
             $wrap.animate({
                width: opts.wrapw,
                height: opts.wraph
             },600);
            //图片以动画变化
             $img.animate({
                marginTop:"-150px",
                marginLeft:"-150px"
             },600);
            //链接标签以淡出效果出现
             $(".info_area",$this).fadeOut();
            return false;
        });
```

```
});
});
```

3.保存文件

保存文件 11_4.html,在浏览器中浏览设计效果。将鼠标指向文字链接时单击,查看图片变大的动画效果。然后单击大图上的关闭图标,查看大图变小的效果。

本章内容都是图片广告的各种动态交互效果。效果中利用层对象显示图片,并通过 jQuery 程序控制其显示、隐藏和切换来实现各种效果。

第 12 章 导航条与下拉菜单设计

为了丰富网页的信息量,增强网页信息链功能,经常在网站导航区域出现水平二级菜单,以便于用户找到相关联的网页内容。

12.1 设计水平二级菜单效果

12.1.1 任务设计

1. 项目效果

完成任务后的页面水平二级菜单效果,如图 12.1 所示。

图 12.1 二级菜单效果

2. 任务描述

在网页文档区域显示一个水平二级菜单,导航菜单效果为:正常状态下菜单文字显示背景色为黑色,前景色为白色;文字间由灰色竖直线隔开;当鼠标悬停时菜单显示蓝色背景,文字为白色,同时呈现下拉二级水平蓝色菜单背景和白色文字,菜单项间由竖直线隔开,鼠标悬停项下有链接横线标识。

3.设计思路

这种效果涉及三个方面技术：

首先确定导航菜单当前的位置，创建相应导航文字、显示效果和链接地址的 HTML 代码。然后考虑文字效果和鼠标指向效果的 CSS 定义。最后考虑编写 jQuery 代码定义菜单及下拉菜单效果。

4.技术要点

（1）利用 div 标签定义菜单位置，在 div 标签中通常用项目标签 li 来显示主菜单名称。

（2）在每个主菜单标签里定义 span 标签来呈现其子菜单名称。

（3）对文档区域的菜单显示样式通过 CSS 进行定义。

（4）编写 jQuery 代码设计水平菜单显示的交互效果。注意几个重要事件和方法：使用 hover()为每个菜单项添加鼠标悬停效果，利用$(this).css()为菜单项增加背景色或悬停图像，利用$(this).find().show()方法显示出子菜单及其效果；利用$(this).css({"background":"none"})恢复原来背景色，以及$(this).find("span").hide()隐藏子菜单。

12.1.2 编写程序代码

1.定义页面菜单显示样式

（1）在新建页面主体标签内定义 HTML 代码如下：

```html
<div class="container">
    <h1>使用 CSS+jQuery 实现的水平二级菜单</h1>
    <ul id="topnav">
        <li><a href="http://www.865171.cn/">Home</a></li>
        <li><a href="http://www.865171.cn/">About</a>
            <span>
                <a href="http://www.865171.cn/">The Company</a> |
                <a href="http://www.865171.cn/">The Team</a> |
                <a href="http://www.865171.cn/">Careers</a>
            </span>
        </li>
        <li><a href="http://www.865171.cn/">Services</a>
            <span>
                <a href="http://www.865171.cn/">What We Do</a> |
                <a href="http://www.865171.cn/">Our Process</a> |
                <a href="http://www.865171.cn/">Testimonials</a>
            </span>
        </li>
        <li><a href="http://www.865171.cn/">Portfolio</a>
            <span>
```

```
            <a href="http://www.865171.cn/">Web Design</a> |
            <a href="http://www.865171.cn/">Development</a> |
            <a href="http://www.865171.cn/">Identity</a> |
            <a href="http://www.865171.cn/">SEO &amp; Internet Marketing</a> |
            <a href="http://www.865171.cn/">Print Design</a>
         </span>
      </li>
      <li><a href="http://www.865171.cn/">Contact</a></li>
   </ul>
</div>
```

代码中使用 ul 标签创建一个简单的符号列表。每个顶级的 li 标签标识导航栏上的主菜单项：Home、About、Services、Portfolio 和 Contact。其各自的子菜单项放在其所属的 li 标签中，添加在一个嵌套的 span 标签内。

（2）定义菜单的 CSS 样式，在头标签内添加如下代码：

```
<style type="text/css">
body {font: 10px normal Verdana, Arial, Helvetica, sans-serif;
margin: 0;padding: 0;}
.container {width: 970px; margin: 0 auto;}
ul#topnav {margin: 0; padding: 0;float: left;width: 970px;list-style:
    none;position: relative;font-size: 16px; font-weight: bold; background: url(topnav_stretch.gif)
repeat-x;}
ul#topnav li {float: left;margin: 0; padding: 0;border-right: 1px solid #000555;}
ul#topnav li a {
    padding: 10px 15px;
    display: block;
    color: #F0F0F0;
    text-decoration: none;
}
ul#topnav li:hover { background: #1376C9 url(topnav_active.gif)repeat-x; }
ul#topnav li span {
    float: left;
    padding: 15px 0;
    position: absolute;
    left: 0; top:35px;
    display: none;
    width: 970px;
    background: #1376C9;
    color: #000FFF;
```

```
    -moz-border-radius-bottomright：5px；
    -khtml-border-radius-bottomright：5px；
    -webkit-border-bottom-right-radius：5px；
    -moz-border-radius-bottomleft：5px；
    -khtml-border-radius-bottomleft：5px；
    -webkit-border-bottom-left-radius：5px；
}
ul#topnav li:hover span { display：block；}
ul#topnav li span a { display：inline；}
ul#topnav li span a:hover {text-decoration：underline；}
</style>
```

这些代码完成了导航菜单的格式化样式，主菜单的每一个列表项都是浮动的，以便能够并排显示，即在 ul#topnav li 样式中定义。嵌套列表中的每个列表项也是浮动的，即在 ul#topnav li span 样式中定义。每个链接的样式，包括文字颜色、背景颜等在<a>标签中定义。鼠标悬停的弹出效果则在 ul#topnav li:hover 样式中定义。

2. 编写 jQuery 代码定义菜单及下拉效果

```
<script type="text/javascript" src="jquery.min.js"></script>
<script type="text/javascript">
$(document).ready(function(){
    //在每个菜单项上添加鼠标悬停事件
    $("ul#topnav li").hover(function(){
        //为菜单项增加背景色+悬停图像
        $(this).css({ "background" : "#1376C9 url(topnav_active.gif) repeat-x"});
        //显示出子菜单
        $(this).find("span").show();
    },function(){ //悬停事件结束
        //恢复原来背景色
        $(this).css({ "background" : "none"});
        //隐藏子菜单
        $(this).find("span").hide();
    });
});
</script>
```

3. 保存文件

保存文件 12_1.html，在浏览器中浏览设计效果。

12.1.3 定义菜单显示格式

在定义页面上显示菜单名称时，要特别注意 div 标签、ul 标签、li 标签和 span 标签的正确运用，并且能够有效地为其定义 id 属性。以便于后面定义 CSS 样式表时能够对其显示格式和内容进行控制。下拉菜单项由无序列表构成，即创建一个连接组。这样的设计非常灵活，可以随意添加菜单层次和菜单项，无须担心会破坏设计。当然，在 CSS 中要能够准确指向要控制的对象，以此来设置其显示属性和具体值，确定位置以及隐藏任何子菜单，将前面定义的链接格式化为一个导航栏。同时还要考虑后面进行 jQuery 编程时要使用到的对象和事件。当网页中事件发生时，必须为相关对象添加事件及其效果。这里特别强调：

$("ul#topnav li").hover(function(){代码为鼠标指向时的效果},function(){代码为悬停事件结束,恢复原来样式})。

12.2 带有滤镜切换效果的导航条设计

任务设计效果如图 12.2 所示，当鼠标指向导航图标时，图标效果会渐渐发生变化，HOME 项即变化后效果。其中用到两张图片，如图 12.3 所示。

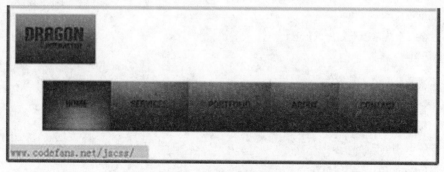

图 12.2 导航图标变化

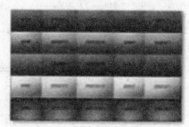

图 12.3 设计导航图标变化编程用到的图片

编写代码如下:

```html
<!DOCTYPE html>
<html>
<head>
  <title>jQuery 动画导航菜单</title>
  <meta name="generator" content="editplus" />
  <meta name="author" content="" />
  <meta name="keywords" content="" />
  <meta name="description" content="" />
  <script src="jquery-1.3.2.min.js" type="text/javascript"></script>
  <script type="text/javascript">
    $(function(){
      var fadeSpeed=($.browser.safari ? 600 : 450);
      $("#logotype").append('<span class="hover"></span>');
      $(".hover").css("opacity", 0);
      $(".hover").parent().hover(function(){
        $(".hover", this).stop().animate({
          "opacity": 1
        },
        fadeSpeed)
      },
      function(){
        $(".hover", this).stop().animate({
          "opacity": 0
        },
        fadeSpeed)
      });
    });

    var Navigation=function(){
      var me=this;
      var args=arguments;
      var self={
        c: {
          navItems: ".home, .services, .portfolio, .about, .contact",
          navSpeed:($.browser.safari ? 600 : 350)
        },
```

```
    init: function(){
      $(".main").append('<span class="hover"></span>');
      $(".hover").css("opacity", 0);
      $(".main").hover(function(){
        self.fadeNavIn.apply(this)
      },
      function(){
        self.fadeNavOut.apply(this)
      })
    },
    fadeNavIn: function(){
      $(".hover", this).stop().animate({
        "opacity": 1
      },
      self.c.navSpeed)
    },
    fadeNavOut: function(){
      $(".hover", this).stop().animate({
        "opacity": 0
      },
      self.c.navSpeed)
    }
  };
  self.init();
  return self
};
$(function(){
  new Navigation()
});

</script>
<style type="text/css" title="">

  .hover {
    filter:alpha(opacity=0);
  }
```

```css
a#logotype{
    background: url(logotype.jpg)no-repeat top left;
    display: block;
    position: relative;
    height: 70px;
    width: 119px;
}
a#logotype span{display:none}
a#logotype .hover {
    background: url(logotype.jpg)no-repeat bottom left;
    display: block;
    position: absolute;
    top: 0;
    left: 0;
    height: 70px;
    width: 119px;
}

ul {
    height: 70px;width: 560px;
}
ul .home,ul .services,ul .portfolio,ul .about,ul .contact {
    cursor: pointer;
    float: left;
    height:70px;
    list-style: none;
}
ul a.main {
    background: url(sprite.jpg)no-repeat top left;
    display: block;
    outline: none;
    position: relative;
    height: 70px;
    text-decoration: none;
    width: auto;
}
ul a.main span { display:none; }
ul .home a.main {
```

```css
    background-position: 0 0;
    width: 102px;
    z-index: 1;
}

ul .services a.main {
    background-position: -102px 0;
    width: 115px;
    z-index: 2;
}

ul .portfolio a.main {
    background-position: -217px 0;
    width: 120px;
    z-index: 3;
}

ul .about a.main {
    background-position: -337px 0;
    width: 100px;
    z-index: 4;
}

ul .contact a.main {
    background-position: -437px 0;
    width: 115px;
    z-index: 5;
}
a.main span.hover {
    background: url(sprite.jpg) no-repeat top left;
    cursor: pointer! important;
    display: block! important; // Overriding previous span hide
    padding: 0 1px 0 0;
    position: absolute;
    top: 0;
    right: 0;
    height: 70px;
    width: 100%;
```

```
            z-index: 100;
        }
        .home a.main .hover {
            background-position: 0 -280px;
            padding: 0;
        }

        .services a.main .hover {
            background-position: -103px -280px;
            background-position: -102px -280px;
        }

        .portfolio a.main .hover {
            background-position: -219px -280px;
            background-position: -218px -280px;
        }

        .about a.main .hover {
            background-position: -340px -280px;
            background-position: -339px -280px;
        }

        .contact a.main .hover {
            background-position: -441px -280px;
            background-position: -440px -280px;
        }
    </style>
</head>

<body>
    <div id="" class="">
        <a id="logotype" href=""><span>Logo Type</span></a>
    </div>

    <ul>
        <li class="home"><a href=http://www.codefans.net/jscss/ class="main"><span>Home</span></a></li>
        <li class="services"><a href="" class="main"><span>services</span></a></li>
```

```
        <li class="portfolio"><a href="" class="main"><span>portfolio</span></a></li>
        <li class="about"><a href="" class="main"><span>about</span></a></li>
        <li class="contact"><a href="" class="main"><span>contact</span></a></li>
    </ul>

    </body>
</html>
```

保存文件 12_2.html，在浏览器中浏览设计效果。

下拉菜单是页面导航最为流行的方案之一，许多网站把功能分为几个组别，针对每个组设计一些页面。当然，下拉菜单既可以水平摆放，也可以垂直摆放在主菜单之下。利用无序列表设计的菜单项可多可少，视具体需要而定。但是，在需要菜单项的位置添加这些菜单后，不要忘记关闭列表的标签。

第 13 章　jQuery Ajax 技术

Ajax 是与服务器交换数据的技术,它在不重载全部页面的情况下,实现了对部分网页的更新。Ajax 一词来自于异步 JavaScript 和 XML(Asynchronous JavaScript and XML)的缩写。简单地说,在不重载整个网页的情况下,Ajax 通过后台加载数据,并在网页上进行显示。使用 Ajax 的应用程序案例包括:谷歌地图、Facebook、腾讯微博、优酷视频、人人网等。

jQuery 提供多个与 Ajax 有关的方法,通过 jQuery Ajax 方法,能够使用 HTTP Get 和 HTTP Post 从远程服务器上请求文本、HTML、XML 或 JSON,同时能够把这些外部数据直接载入网页的被选元素中。

如果没有 jQuery,纯粹用 Ajax 编程还是有些难度的。编写常规的 Ajax 代码并不容易,因为不同的浏览器对 Ajax 的实现要求并不相同。这意味着必须编写额外的代码对浏览器进行测试。不过,jQuery 解决了这个难题,现在只需要一行简单的代码,就可以实现 Ajax 功能。

13.1　利用 jQuery Load( ) 方法加载数据

13.1.1　任务设计

1. 设计效果

在普通的网页页面上,单击获得外部的内容按钮,即可调用服务器端数据内容替换掉页面中原有文字信息。这期间不需要任何等待数据刷新的时间。页面操作前后的效果,如图 13.1 所示。

2. 任务描述

在页面内显示图 13.1(a) 的内容,包括一行文字"请点击下面的按钮,通过 jQuery AJAX 改变这段文本。"和一个按钮"获得外部的内容"。当用鼠标单击按钮时,页面内容将利用 jQuery Ajax 技术从服务器加载保存在 txt 文件中的一个数据,并把返回的数据显示在按钮上面的文字位置,以替换原来的内容。

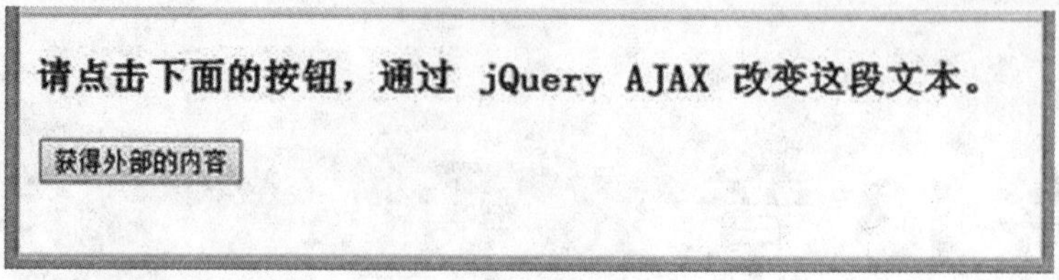

(a)操作前

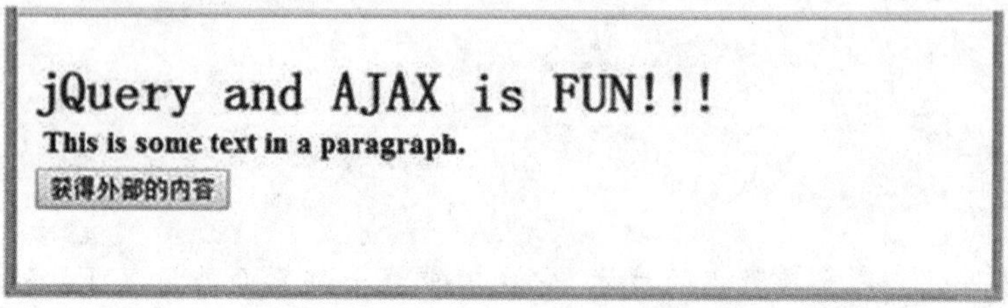

(b)操作后

图 13.1 加载 txt 文件后效果

3.设计思路

首先,在页面上的一个特定标签内显示出上面的文字,同时定义该标签的 id 属性。然后定义一个按钮标签及其 id 属性。

定义一个待调用 txt 文件及其内容保存在服务器端。利用 jQuery Ajax 方法中最重要的 load()方法,来实现服务器端 txt 文件的调用和显示。

4.技术要点

jQuery Ajax 方法最重要的、最基础的方法是 jQuery load()方法。它是 Ajax 方法中既简单又强大的方法,它从服务器加载数据,并把返回的数据放入被选元素中。

语法格式:

$(selector).load(URL,data,callback);

其中必需的 URL 参数,规定了希望加载的 URL 路径和文件。可选的 data 参数,规定与请求一同发送的查询字符串键/值对集合。可选的 callback 参数,是 load()方法完成后所执行的函数名称。

由于该技术涉及服务器端读取数据问题,所以调试程序代码时页面必须定义 IIS (Internet Information Server,Internet 信息服务)站点后再运行。

13.1.2 编写程序代码

1.将指定文件 demo_test.txt 的内容在特定元素内显示出来

编写代码如下:

```
<!DOCTYPE html>
<html>
<head>
<script src="js/jquery-1.9.1.min.js" type="text/javascript">
</script>
<script type="text/javascript">
```

```
$(document).ready(function(){
  $("#btn1").click(function(){
    $("#test").load("/example/demo_test.txt");
  })
})
</script>
</head>

<body>
<h3 id="test">请点击下面的按钮,通过 jQuery AJAX 改变这段文本。</h3>
<button id="btn1" type="button">获得外部的内容</button>
</body>
</html>
```

其中 demo_test.txt 文件内容为:

```
<h2>jQuery and AJAX is FUN!!!</h2>
<p id="p1">This is some text in a paragraph.</p>
```

用该内容替换了原来网页内 id="test" 元素的内容,将该文件通过 jQuery 选择器添加到 URL 参数中。

保存文件 13_1_1.html,网页运行结果如图 13.1 所示。

2. 只将 demo_test.txt 文件中 id="p1" 的元素内容加载到指定元素中

> **提 示**
>
> 这里定义 load()方法为:$("#div1").load("demo_test.txt #p1");。

编写代码如下:

```
!DOCTYPE html>
<html>
<head>
<script src="js/jquery-1.9.1.min.js" type="text/javascript">
</script>
<script type="text/javascript">
$(document).ready(function(){
  $("button").click(function(){
    $("#div1").load("example/demo_test.txt #p1");
  });
});
</script>
```

```
</head>
<body>
<div id="div1"><h2>使用 jQuery AJAX 来改变文本</h2></div>
<button>获得外部的内容</button>
</body>
</html>
```

该例子仅仅在替换位置显示了 demo_test.txt 文件中的<p></p>标签内容。

保存文件 13_1_2.html,浏览页面效果,如图 13.2 所示,这里只将其中的一段文字显示出来。

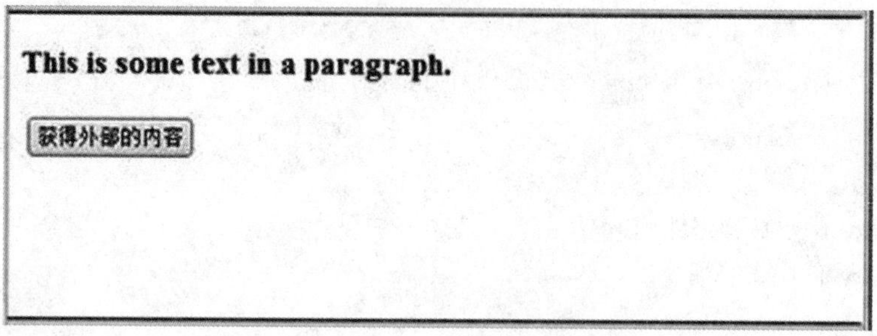

图 13.2　加载 txt 文件内的部分数据后效果

3.加载结果提示

load()方法运行后,显示一个程序是否正确调用的提示框。如果 load()方法已成功,则显示"外部内容加载成功!",如果失败,则显示错误消息提示给用户。

> **提　示**
>
> Load()方法中可选的 callback 参数,规定当 load()方法完成后所要允许的回调函数。回调函数可以设置不同的参数:responseTxt?——包含调用成功时的结果内容;statusTxt?——包含调用的状态;xhr?——包含 XMLHttpRequest 对象。

编写代码如下:

```
<!DOCTYPE html>
<html>
<head>
<script src="js/jquery-1.9.1.min.js" type="text/javascript">
</script>
<script type="text/javascript">
$(document).ready(function(){
  $("button").click(function(){
    $("#div1").load("example/demo_test.txt",function(responseTxt, statusTxt,xhr){
      if(statusTxt=="success")
```

```
            alert("外部内容加载成功！");
            if(statusTxt=="error")
            alert("Error: "+xhr.status+": "+xhr.statusText);
        });
    });
});
</script>
</head>
<body>
<div id="div1"><h2>使用 jQuery AJAX 来改变文本</h2></div>
<button>获得外部的内容</button>
</body>
</html>
```

保存文件 13_1_3.html，浏览运行页面效果，如图 13.3 所示。确定后页面将显示正确加载的信息。

图 13.3　加载 txt 文件前显示提示框

4.Load（ ）方法加载数据的传递

jQuery 的 Load(URL,[data],[callback])方法，可以载入远程 HTML 文件代码并插入 DOM 中。

其中参数：

URL(String)：请求的 HTML 页的 URL 地址。

data(Map)：发送至服务器的 key/value 数据。

callback(Callback)：请求完成时(不需要是成功的)的回调函数。

该方法其实是默认 GET 方式传递，有参数传递数据的话就会自动转换为 POST 方式。这个方法可以很方便地动态加载一些 HTML 文件。

此外，jQuery get()和 post()方法，也是前端开发人员和设计师使用较多的能够把表单数据传递给服务器端进程的方法。用于通过 HTTP 的 GET 或 POST 从服务器请求数据。

13.2　jQuery 常用客户端与服务器端数据加载方法设计

HTTP 有两种在客户端和服务器端进行请求与响应的常用方法，即 GET 和 POST。

其中，GET：从指定的资源请求数据；POST：向指定的资源提交要处理的数据。

GET 基本上用于从服务器获得（取回）数据。注意：GET 方法可能返回缓存数据。POST 也可用于从服务器获取数据。不过，POST 方法不会缓存数据，并且常用于连同请求一起发送数据。

1. 使用$.get()方法从服务器上的一个文件中取回数据

jQuery $.get()方法语法为：$.get(URL,callback);

其中必需的 URL 参数，规定为希望请求的 URL。可选的 callback 参数是请求成功后所执行的函数名。

编写程序代码如下：

```html
<!DOCTYPE html>
<html>
<head>
<script src="js/jquery-1.9.1.min.js" type="text/javascript">
</script>
<script type="text/javascript">
$(document).ready(function(){
  $("button").click(function(){
    $.get("/example/demo_test.asp",function(data,status){
      alert("数据："+data+"\n 状态："+status);
    });
  });
});
</script>
</head>
<body>
<p>向页面发送 HTTP GET 请求,然后获得返回的结果</p>
<button>请单击按钮发送 HTTP GET 请求</button>

</body>
</html>
```

其中$.get()方法中第一个参数是我们希望请求的 URL("demo_test.asp")。第二个参数是回调函数。第一个回调参数存有被请求页面的内容，第二个回调参数存有请求的状态。

使用 ASP 文件("demo_test.asp"),代码如下:

```
<%
response.write("This is some text from an external ASP file.")
%>
```

保存文件 13_2_1.html,浏览页面显示效果,如图 13.4 所示,单击按钮后调用服务器端的 ASP 文件,显示如图 13.5 所示效果。

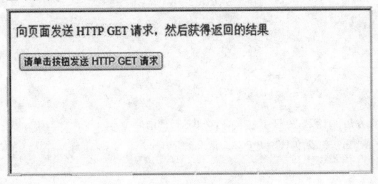

图 13.4　页面调用数据前效果

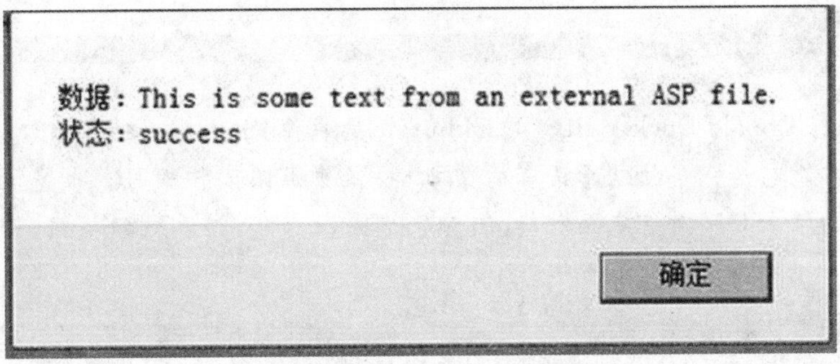

图 13.5　加载 ASP 文件后效果

GET 请求以查询字符串的形式,把数据传递给服务器端进程。表单数据通过查询字符串从一个 Web 页面或应用程序传递到另一个 Web 页面或应用程序。服务器端进程总是在 URL 中拾取键值对,并依据 URL 中的查询字符串直接改变页面内容。

2.jQuery $ .post( ) 方法通过 POST 从服务器上请求数据

jQuery $.post()方法语法为:$.post(URL,data,callback);

其中必需的 URL 参数,规定为希望请求的 URL。可选的 data 参数,规定连同请求发送的数据。可选的 callback 参数,是请求成功后所执行的函数名。

编写程序代码如下:

```
<!DOCTYPE html>
<html>
<head>
<script src="js/jquery-1.9.1.min.js" type="text/javascript">
</script>
<script type="text/javascript">
```

```
$(document).ready(function(){
  $("button").click(function(){
    $.post("/example/demo_test_post.asp", {
      name:"Donald Duck", city:"Duckburg" }, function(data,status){
      alert("数据:"+data+"\n 状态:"+status);
    });
  });
});
</script>
</head>
<body>
<p>向页面发送 HTTP POST 请求,然后获得返回的结果</p>
<button>请单击按钮发送 HTTP POST 请求</button>
</body>
</html>
```

> **提示**
>
> {name:"Donald Duck", city:"Duckburg"}是一种 JSON(JavaScript 对象格式)数据交换格式。它是完全独立于语言的文本格式,易于阅读和编写。也易于机器解析和生成。通常 JSON 对象有两种格式:对象格式{x:1,y:2}和数组格式[1,2]。这里是前者。

代码 $.post()方法中的第一个参数,是希望请求的 URL("demo_test_post.asp"),然后连同请求(name 和 city)一起发送数据。"demo_test_post.asp"中的 ASP 脚本读取这些参数,对它们进行处理,然后返回结果。

第三个参数是回调函数。第一个回调参数存有被请求页面的内容,第二个参数存有请求的状态。

使用 ASP 文件("demo_test_post.asp"),其代码如下:

```
<%
dim fname,city
fname=Request.Form("name")
city=Request.Form("city")
Response.Write("Dear " & fname & ". ")
Response.Write("Hope you live well in " & city & ".")
%>
```

保存文件 13_2_2.html,浏览页面效果,如图 13.6 所示,单击按钮调用数据后显示信息如图 13.7 所示。

图 13.6　加载数据前页面效果

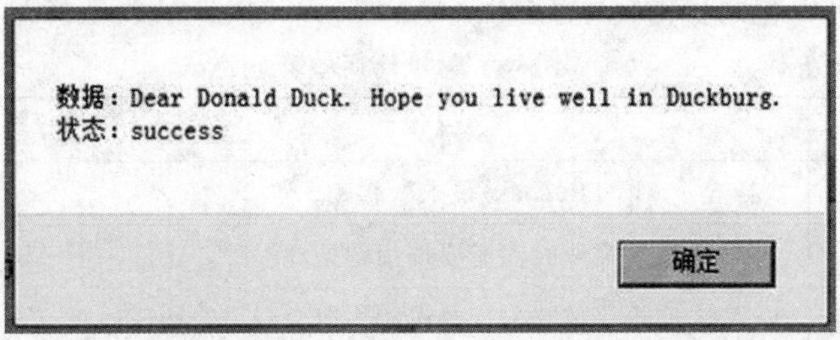

图 13.7　post 方法加载数据后提示信息

POST 请求与前者不同，它在"幕后"发送数据给服务器端进程，这使得 POST 方法更安全，特别是在传递敏感数据时。与 GET 请求相比，这种请求能够一次传递大量数据给服务器端程序。而前者受 URL 长度限制，一次只能传递较少的数据。

13.3　GET 和 POST 两种方法的差异以及 jQuery Ajax 操作函数

有关 GET 和 POST 两种方法的差异，请参考表 13.1：

表 13.1　　　　　　　　　　GET 和 POST 两种方法的差异

用途	GET	POST
后退按钮/刷新	无害	数据会被重新提交 浏览器应该告知用户数据会被重新提交
书签	可收藏为书签	不可收藏为书签
缓存	能被缓存	不能缓存
编码类型	application/x-www-form-urlencoded	application/x-www-form-urlencoded 或 multipart/form-data。为二进制数据使用多重编码
历史	参数保留在浏览器历史中	参数不会保存在浏览器历史中
对数据长度的限制	有限制。当发送数据时，GET 方法向 URL 添加数据；URL 的长度是受限制的（URL 的最大长度是 2048 个字符）	无限制
对数据类型的限制	只允许 ASCII 字符	也允许二进制数据，没有限制

(续表)

用途	GET	POST
安全性	与 POST 相比，GET 的安全性较差，因为所发送的数据是 URL 的一部分。 在发送密码或其他敏感信息时绝对不要使用 GET 方法	POST 比 GET 更安全，因为参数不会被保存在浏览器历史或 Web 服务器日志中

jQuery 库拥有完整的 Ajax 兼容套件，jQuery Ajax 操作函数见表 13.2：

表 13.2　　　　　　　　　　jQuery Ajax 操作函数

函数	描述
jQuery.ajax()	执行异步 HTTP(Ajax) 请求
.ajaxComplete()	当 Ajax 请求完成时注册要调用的处理程序。这是一个 Ajax 事件
.ajaxError()	当 Ajax 请求完成且出现错误时注册要调用的处理程序。这是一个 Ajax 事件
.ajaxSend()	在 Ajax 请求发送之前显示一条消息
jQuery.ajaxSetup()	设置将来的 Ajax 请求的默认值
.ajaxStart()	当首个 Ajax 请求完成开始时注册要调用的处理程序。这是一个 Ajax 事件
.ajaxStop()	当所有 Ajax 请求完成时注册要调用的处理程序。这是一个 Ajax 事件
.ajaxSuccess()	当 Ajax 请求成功完成时显示一条消息
jQuery.get()	使用 HTTP GET 请求从服务器加载数据
jQuery.getJSON()	使用 HTTP GET 请求从服务器加载 JSON 编码数据
jQuery.getScript()	使用 HTTP GET 请求从服务器加载 JavaScript 文件，然后执行该文件
.load()	从服务器加载数据，然后把返回到 HTML 放入匹配元素
jQuery.param()	创建数组或对象的序列化表示，适合在 URL 中查询字符串或在 Ajax 请求中使用
jQuery.post()	使用 HTTP POST 请求从服务器加载数据
.serialize()	将表单内容序列化为字符串
.serializeArray()	序列化表单元素，返回 JSON 结构数据